L'HOMME DE LA BARMA-GRANDE

(BAOUSSÉ-ROUSSÉ)

ÉTUDE DES COLLECTIONS ANTHROPOLOGIQUES & ARCHÉOLOGIQUES

RÉUNIES DANS LE

MUSEUM PRÆHISTORICUM

FONDÉ PAR LE COMMANDEUR THOMAS HANBURY

PRÈS DE MENTON

PAR

Le Docteur R. VERNEAU

DEUXIÈME ÉDITION

FR. ABBO, ÉDITEUR

BAOUSSÉ-ROUSSÉ, PRÈS DE MENTON

1908

L'HOMME DE LA BARMA-GRANDE

(BAOUSSÉ-ROUSSÉ)

IMPRIMERIE COLOMBANI - MENTON

L'HOMME DE LA BARMA-GRANDE

(BAOUSSÉ-ROUSSÉ)

ÉTUDE DES COLLECTIONS ANTHROPOLOGIQUES & ARCHÉOLOGIQUES

RÉUNIES DANS LE

MUSEUM PRÆHISTORICUM

FONDÉ PAR LE COMMANDEUR THOMAS HANBURY

PRÈS DE MENTON

PAR

Le Docteur R. VERNEAU

DEUXIÈME ÉDITION

FR. ABBO, ÉDITEUR

BAOUSSÉ-ROUSSÉ, PRÈS DE MENTON

1908

L'HOMME DE LA BARMA-GRANDE

(BAOUSSÉ-ROUSSÉ)

PRÉFACE

DE LA DEUXIÈME ÉDITION

Depuis l'époque où a paru la première édition de ce petit travail, d'importantes découvertes ont été faites aux Baoussé-Roussé, et elles semblent avoir résolu certaines questions qui étaient vivement discutées auparavant : je veux parler des trouvailles dont la science est redevable au Prince de Monaco. Par ses soins, trois grottes ont été complètement fouillées : la grotte des Enfants, le Baousso da Torre et la grotte du Prince. Dirigées avec un savoir et une méthode auxquels tous les savants se plaisent à rendre hommage par M. le chanoine L. de Villeneuve, assisté de M. Frédérico Lorenzi, les fouilles ont produit des résultats tout à fait inattendus. Non seulement elles ont permis de fixer d'une façon positive l'âge des diverses couches qui contiennent des restes de l'homme ou des débris de son industrie, mais elles nous ont révélé l'existence d'un nouveau type humain fossile, complètement ignoré jusque-là.

Un certain nombre de résultats acquis grâce à ces fouilles peuvent être étendus aux grottes voisines, la plupart des cavernes des Baoussé-Roussé offrant entre elles des ressemblances extrêmement étroites. Pour la Barma-Grande, notamment, il est permis de rapprocher ses couches, au point de vue de leur ordre, de leur faune et de leur industrie, de celles de la Grotte des Enfants. Nous sommes en mesure, aujourd'hui, en nous appuyant sur les observations faites dans cette dernière caverne, de déterminer, avec beaucoup plus de précision que nous n'avions pu le faire, l'âge des sépultures rencontrées par M. Abbo en 1892 et dans les années suivantes.

Aussi, lorsque j'ai appris que la première édition de " *L'Homme de la Barma-Grande* " était épuisée, me suis-je décidé à réviser mon travail primitif. Je ne saurais me flatter d'avoir résolu, dans la présente édition, toutes les questions controversées ; mais j'ai la conviction que grâce aux documents nouveaux que nous possédons, il est permis de tracer aujourd'hui un portrait très satisfaisant des troglodytes des Baoussé-Roussé.

Paris, janvier 1908.

AVANT-PROPOS

Les découvertes qui ont été faites depuis un demi-siècle dans les grottes des Baoussé-Roussé ont vivement appelé, sur ces cavernes, l'attention du monde savant. Les simples curieux, les touristes, ont eux-mêmes été intéressés par les objets préhistoriques en pierre, en os, en coquille, etc., que les fouilles mettaient au jour. L'extraction des premiers squelettes humains fit sensation ; mais ils avaient été emportés au loin, et il n'en restait que le souvenir aux Rochers-Rouges. Toutefois, un crâne et quelques ossements humains, accompagnés de débris d'animaux et d'un certain nombre d'instruments primitifs, figurent dans le Musée de Menton, où peu de personnes vont les voir ; ils ont été exhumés de la Barma-Grande, au mois de février 1884, par M. Julien, et par M. Bonfils à diverses époques.

Aujourd'hui, tous ceux qui fréquentent la Côte d'Azur font une excursion aux Baoussé-Roussé dans le but de contempler les restes des hommes préhistoriques trouvés dans les cavernes. C'est qu'en effet, les recherches poursuivies sans relâche par M. Abbo depuis le mois de février 1892, ont abouti à la découverte de cinq nouveaux squelettes, qui sont restés sur les lieux. Toute une industrie primitive, rencontrée dans le voisinage des ossements humains ou à un niveau inférieur, montre ce qu'étaient capables de faire les vieux habitants du littoral méditerranéen. Néanmoins, l'importance des trouvailles n'a pu être appréciée à sa juste valeur que par un petit nombre de savants spéciaux. Quelques amateurs ont pu tirer profit de leur excursion aux Baoussé-Roussé ; mais, il faut bien le dire, la plupart des touristes, insuffisamment préparés aux études préhistoriques, sont partis sans avoir sensiblement augmenté la somme de leurs connaissances. Aucun ouvrage sommaire n'existait pour leur permettre de comprendre l'intérêt de ce qu'on leur mettait sous les yeux. Les travaux consacrés aux cavernes des Rochers-Rouges sont cependant nombreux ; mais ils consistent en mémoires trop spéciaux, disséminés, d'ailleurs, dans une foule de publications qu'il n'est pas toujours facile de se procurer, ou en livres volumineux, qu'on n'a pas le temps de lire.

C'est le motif qui m'a décidé à écrire cet opuscule. J'espère qu'il rendra quelques services à ceux qui vont visiter les grottes des Rochers-Rouges et le Musée où sont réunis tous les objets rencontrés par M. Abbo dans la Barma-Grande. Grâce, en effet, au regretté Commandeur Thomas Hanbury, un édifice s'élève à deux pas de la caverne et, sur la façade, on lit : *Museum Praehistoricum* (fig. 1). Il renferme les produits des fouilles exécutées

FIG. 1. — Le Musée préhistorique, aux Baoussé-Roussé.

depuis 1892 par M. Joseph Abbo, produits qui forment une collection des plus intéressantes.

M. Hanbury, qui est décédé l'année dernière, était bien connu de tous les touristes qui vont passer l'hiver à Menton et dans les localités voisines. Après avoir longtemps séjourné en Chine, ce riche Anglais acheta, en 1867, le vaste domaine de la Mortola, situé à mi-chemin entre Menton et Vintimille. Il y créa un magnifique jardin d'acclimatation, qui comprend aujourd'hui plus de 4.000 espèces végétales cultivées en plein air, sans compter les plantes qui garnissent les potagers. On y trouve des végétaux de toutes les parties du Monde : Chine, Japon, Egypte, Canaries, Mexique, Californie, etc., etc. La maison d'habitation, qui occupe le centre de la propriété, le *Palazzo Orengo*, est un véritable musée.

Non content d'avoir créé une telle merveille, M. Hanbury a fondé des écoles pour les enfants des villages voisins ; il a fait don à la ville de Menton d'une fontaine érigée à l'extrémité du boulevard de Garavan, en face de la station du tramway ; il a distribué jusqu'à sa mort des graines aux jardins botaniques du monde entier. On ne saurait donc être surpris qu'il se soit intéressé aux découvertes archéologiques qui se faisaient à côté de son domaine et qu'il ait encouragé M. Abbo à poursuivre des recherches dont il avait compris de suite tout l'intérêt. Il n'est que juste, par conséquent, de rendre hommage à la mémoire de cet homme qui a contribué dans une certaine mesure à assurer la conservation d'objets précieux pour la science.

Depuis, un Souverain, qui est en même temps un véritable savant, le Prince Albert Ier de Monaco, a entrepris, dans d'autres grottes des Baoussé-Roussé, les fouilles méthodiques auxquelles j'ai fait allusion plus haut et qui ont été si fécondes en résultats. Les produits de ces fouilles sont exposés et classés dans le *Musée Anthropologique* de Monaco, spécialement créé pour les recevoir. A ceux qui le visiteront, la présente brochure pourra également être de quelque utilité.

J'aurais pu écrire un travail bien plus volumineux sur les hommes qui ont vécu aux Rochers-Rouges, car les documents ne me font pas défaut. Dès le mois de février 1892, quelques jours seulement après la découverte, par M. Abbo, d'un premier squelette dans la Barma-Grande, j'ai été chargé d'une mission pour étudier les pièces qui venaient d'être mises à jour. J'ai fait, depuis cette époque, de nombreux voyages aux Baoussé-Roussé et à Monaco dans le but de compléter mes études. Le Prince Albert Ier m'a confié la tâche de décrire les collections anthropologiques recueillies par ses soins ; et après avoir lu à peu près tout ce qui a été publié sur la question, j'ai livré moi-même à la publicité plusieurs mémoires et un travail étendu, qui contiennent les résultats de mes observations. — J'ai pensé qu'il valait mieux écrire un résumé assez court et laisser de côté les détails que les spécialistes trouveront facilement ailleurs.

Il m'a paru utile de faire précéder mon travail d'une introduction consacrée à quelques généralités sur les époques géologiques et sur l'Homme préhistorique. J'ai voulu ainsi mettre tous ceux qui voudront bien les lire en état de profiter de leur lecture. Pour ne pas abuser de leur temps, j'ai résumé, autant qu'il m'a été possible de le faire, les données que nous possédons sur les cavernes des Rochers-Rouges et spécialement sur la Barma-Grande. Enfin, dans le but de permettre, même à ceux qui ne possèdent que peu de loisirs, de se faire une idée de l'intérêt des recherches qui ont été faites, j'ai concrété, dans les quelques pages qui constituent le dernier chapitre, les faits exposés dans les chapitres précédents et j'ai cherché à en tirer les conclusions qui s'en dégagent.

La première édition était déjà assez largement illustrée ; celle-ci l'est plus copieusement encore, et la multiplication des figures facilitera sûrement au lecteur l'intelligence du texte. Puisse le travail ainsi présenté rendre quelques services à ceux qui s'intéressent au passé de l'Humanité et recevoir du public le même accueil que celui qui l'a précédé.

INTRODUCTION

1. — L'Origine de la Terre et les Époques Géologiques.

Il est aujourd'hui surabondamment démontré que la terre n'a pas toujours eu l'aspect que nous lui connaissons. Les astronomes pensent qu'elle a d'abord formé une masse nuageuse, incandescente, autrement dit qu'elle a débuté par être une *nébuleuse*, et que, plus tard, elle diminua de volume et devint une *étoile* brillante. Le rayonnement amena un refroidissement de cette étoile ; elle se transforma en une sphère liquide et perdit son éclat. A ce moment, elle était entourée d'une atmosphère qui renfe   une grande quantité de vapeur d'eau, et,   e sa température était d'au moins 1500 degrés, tous les corps volatils à cette température étaient contenus dans l'atmosphère.

Dans la masse liquide, les corps étaient disposés suivant leur densité, les plus légers à la surface, les plus lourds au centre. Quand la température diminua encore, ce furent les substances les plus légères qui se solidifièrent les premières, en formant à la sphère en fusion une mince enveloppe encore peu résistante.

Une fois qu'elles furent protégées contre le rayonnement de la masse en fusion par cette première pellicule, les vapeurs de l'atmosphère se condensèrent et, en tombant sur la terre, elles constituèrent un océan ininterrompu. La croûte originelle se trouva refroidie et, par suite de ce refroidissement, elle diminua de volume, en même temps que le noyau en fusion qu'elle emprisonnait se contractait lui-même, et dans des proportions plus grandes que l'écorce. Celle-ci manquant, par suite, de point d'appui, se plissa ; il se forma des dépressions, dans lesquelles se retirèrent les eaux de l'Océan, et des parties émergèrent, qui constituèrent les continents primitifs, composés uniquement de roches cristallines et feuilletées. Les géologues n'avaient pas rencontré de fossiles végétaux ni animaux dans ces premiers terrains et ils en avaient conclu que les conditions physiques et chimiques étaient telles qu'aucun être organisé n'avait pu vivre alors sur notre globe ; aussi la période dont il s'agit avait-elle été appelée *époque azoïque*, c'est-à-dire *sans animaux*. Des découvertes récentes tendraient à faire croire qu'il a vécu quelques êtres d'une organisation fort simple, mais que sous l'influence de la chaleur qui se dégageait de la masse centrale incandescente, située encore à une faible profondeur, leurs restes auraient disparu.

Dès que les continents primitifs furent émergés, la pluie, les vagues de la mer et tous les agents atmosphériques attaquèrent les roches qui les composaient et les désagrégèrent en partie. Les matériaux ainsi détachés furent entraînés par les cours d'eau dans les mers et s'y déposèrent, en même temps que les Océans, dont la température était moins élevée, laissaient déposer les matériaux qu'ils tenaient en dissolution ou en suspension. C'est de cette façon que se formèrent les premiers terrains de sédiment, appelés aussi terrains primaires. Purifiées et refroidies, les eaux marines permirent à des êtres organisés de vivre dans leur sein pendant que quelques végétaux, quelques animaux, appartenant aux groupes inférieurs comme ceux de la mer, prenaient naissance sur les terres émergées. — Cette deuxième période est en réalité la première au point de vue paléontologique, et on la désigne communément sous le nom d'*ère primaire* ou bien d'*époque paléozoïque*, c'est-à-dire époque des *animaux anciens*. Les premiers animaux furent des invertébrés ; puis, vers la fin de l'époque paléozoïque, apparurent des poissons et quelques quadrupèdes. Les oiseaux et les mammifères ne se montrèrent que plus tard.

La température continua à s'abaisser. L'épaisseur de la croûte terrestre s'accrut, en dedans, par suite de la solidification de la partie superficielle de la masse primitivement en fusion, et, en dehors, par le dépôt de nouvelles couches à la surface. Pendant cette seconde période, ou *époque secondaire*, la terre traversa une ère de calme relatif : les rivages des mers ont bien subi des changements importants, mais les phénomènes volcaniques n'ont pas fait surgir de grandes montagnes. Cependant, les conditions d'existence s'étaient modifiées et la flore et la faune n'étaient plus ce qu'elles étaient durant l'ère primaire. Les animaux correspondaient à des types moyens au point de vue de leur organisation : les reptiles ont atteint à cette époque des dimensions gigantesques : ils arrivaient à mesurer jusqu'à 25 mètres de longueur. Vers le milieu de l'époque secondaire, qu'on appelle aussi *mésozoïque*, c'est-à-dire époque des *animaux intermédiaires*, apparut le premier oiseau, ou plutôt un animal volant qui tenait du reptile par ses dents, par ses mains et par sa longue queue, et de l'oiseau par sa forme générale, ses extrémités postérieures et ses plumes : c'est l'*Archeopteryx*. En même temps se montrèrent quelques petits mammifères inférieurs assez voisins des marsupiaux.

A la période suivante, la température, tout en continuant à s'abaisser, resta plus élevée que de nos jours : les plantes et les animaux qui vécurent alors dans nos contrées appartiennent à des genres qui ne comptent plus de représentants que dans le voisinage des tropiques. Cependant les animaux présentaient déjà des caractères assez rapprochés de ceux d'aujourd'hui, et, pour cette raison, l'*époque*

tertiaire a reçu le nom de *néozoïque*, autrement
dit époque des *animaux récents*. Les reptiles
gigantesques s'éteignirent, les oiseaux devinrent
nombreux et les mammifères pullulèrent. Parmi ces derniers, se trouvaient des pachydermes
dont certains ressemblaient au tapir, de grands
animaux très voisins des éléphants, tels que le
Mastodonte et surtout le gigantesque *Dinotherium* qui mesurait environ 5 mètres de hauteur,
des Rhinocéros, des Ruminants, une espèce de
Cheval, l'*Hipparion* qui, à côté de son doigt
médian principal, possédait deux doigts laté-
raux rudimentaires n'arrivant pas jusqu'au sol,
des Lémuriens, prédécesseurs des singes véritables, etc. Les conditions d'existence devaient
donc se rapprocher dans une certaine mesure
des conditions actuelles. C'est à ce moment
que les forces volcaniques firent surgir les principales chaînes de montagnes.

Les phénomènes de refroidissement s'accusè-
rent à la quatrième période ou *époque quaternaire*, les glaciers apparurent à la surface du
globe et s'avancèrent assez loin dans la direction du Sud. C'est à cette extension des glaciers
que cette quatrième phase doit d'être appelée
souvent *époque glaciaire*. La formation des
terrains de sédiment cessa presque entièrement
mais les eaux courantes entraînèrent des matériaux arrachés aux assises anciennement émergées et les déposèrent plus loin en donnant naissance à des couches qui ont reçu le nom d'*al-*

luvions. En même temps que se produisaient ces phénomènes, de nouvelles espèces animales et végétales venaient s'ajouter à celles qui avaient apparu antérieurement ou remplacer celles qui disparaissaient.

Enfin, les glaciers se retirèrent ; la terre acquit le relief que nous lui voyons actuellement ; les plantes et les animaux devinrent ce qu'ils sont de nos jours ; l'*époque actuelle* succéda aux temps quaternaires, dont elle n'est, pour beaucoup de géologues, que la continuation.

Les phénomènes que je viens de rappeler se produisirent lentement, et on passe d'une époque à l'autre d'une façon insensible. Grâce à la paléontologie, on est arrivé à reconnaître l'âge relatif des différentes couches qui forment l'écorce terrestre. Il est facile, en effet, de comprendre que les plantes et les animaux d'autrefois ont laissé leurs débris à la surface du sol et que les couches qui se sont formées plus tard ont recouvert ces restes. Par suite, la découverte, dans une couche non remaniée, d'êtres organisés, permet d'indiquer l'âge de l'assise elle-même. On donne le nom de *fossiles* à tous les débris de plantes et d'animaux qu'on rencontre dans les couches qui se sont formées avant le commencement de l'époque actuelle.

II. — L'ancienneté de l'Homme.

Les êtres organisés les plus simples ayant apparu les premiers et ayant été remplacés par des êtres de plus en plus compliqués, l'Homme, le plus élevé de tous en organisation, a dû apparaître le dernier. A quelle époque doit-on placer la date de cette apparition ? C'est une question qui ne s'est posée pour ainsi dire que de nos jours. On s'était demandé si la création biblique d'Adam et d'Ève n'avait pas été précédée d'une autre création d'où seraient sortis les *gentils*, mais alors les discussions ne roulaient que sur des textes extrêmement ambigus. Cependant, en présence des découvertes qui se faisaient de tous côtés, il fallut bien admettre que l'Homme avait existé à des époques dont l'histoire ne fait pas mention. Dans les *kjökkenmöddings* ou amas de débris de cuisine du Danemark, dans les *skovmoses* ou marais à forêts du même pays, dans les vieux tombeaux des pays scandinaves, au milieu des pilotis qui ont jadis supporté des habitations élevées sur les lacs de la Suisse, on rencontrait des preuves de l'existence de tribus qui avaient vécu à une époque fort reculée. Peu à peu on arriva à cette conclusion qu'avant d'employer le fer pour fabriquer ses outils, l'être humain avait eu recours au bronze et qu'à une époque plus ancienne, il avait complétement ignoré l'usage des métaux ; il se servait alors d'instruments en pierre. On divisa donc en trois âges le passé de l'humanité : 1º l'âge de la pierre ; 2º l'âge du bronze ; 3º l'âge du fer. Toutefois, si on était arrivé à démontrer l'existence de l'homme préhistorique, on ne songeait pas à reporter au delà du début de notre époque géologique la date de l'apparition de nos premiers ancêtres.

Cependant, des découvertes remontant au début du XVIIIe siècle avaient permis de constater à Canstadt, la présence de débris humains dans une couche qui renfermait des ossements d'animaux aujourd'hui disparus de nos contrées. En 1715, on avait recueilli, dans une carrière de gravier exploitée en Angleterre, des silex qui avaient été certainement travaillés par un être intelligent et qui étaient associés à des restes d'éléphant. Mais on n'avait pas attaché d'importance à ces trouvailles, et cela se conçoit : la paléontologie, c'est-à-dire la science qui s'occupe des plantes et des animaux ayant vécu aux époques anciennes, n'était pas encore née.

Au début de notre siècle, de nombreux débris d'industrie humaine furent trouvés associés à des ossements d'animaux éteints, et néanmoins lorsque mourut Cuvier, le fondateur de la paléontologie (1832), ce grand naturaliste doutait encore que l'homme eût vécu aux époques antérieures à la nôtre.

Les découvertes se multiplièrent rapidement. Parmi les savants qui firent avancer le plus la question de l'homme fossile, il convient de citer Boucher de Perthes, le marquis de Vibraye, Édouard Lartet et beaucoup d'autres. De tous côtés on rencontra, dans des couches qui s'étaient formées pendant l'époque quaternaire et qui n'avaient pas été remaniées, les preuves de la contemporanéité de l'homme et des animaux qui ont vécu à cette époque. Ici c'étaient des armes, des outils en pierre qui n'avaient pu être fabriqués que par nos ancêtres; là, des sculptures et des gravures qui représentaient avec tant de fidélité les mammifères de la période glaciaire qu'il fallait bien admettre que l'artiste les avait eus sous les yeux ; ailleurs, c'étaient les restes de l'homme lui-même que l'on recueillait à côté d'ossements d'animaux éteints. Aux Eyzies (Dordogne), MM. Lartet et Christy ont rencontré une vertèbre d'un jeune renne traversée par une pointe de silex qui était restée dans l'os après avoir tué l'animal, preuve bien évidente que l'homme vivait à côté de lui et lui donnait la chasse.

En somme, les faits qui démontrent l'existence de l'être humain pendant l'époque quaternaire, et même dès le début de cette époque, sont aujourd'hui si nombreux que pas un savant ne songe à en contester la réalité.

L'homme a-t-il apparu à une époque antérieure ? A-t-il vécu pendant cette époque ter-

tiaire qui a vu apparaître tant de mammifères?
C'est un point qui est encore bien controversé
à l'heure actuelle. Pour les uns, il faut voir la
preuve de l'intervention humaine dans certaines incisions qu'on observe sur des ossements
d'animaux tertiaires et qui seraient dues à l'ac-
tion d'un instrument en silex ; pour les autres,
ces incisions ont été produites par la dent de
quelque carnassier. Certains archéologues regardent comme travaillés intentionnément des
silex que d'autres considèrent comme éclatés
accidentellement ou moins anciens qu'on ne
l'a prétendu. Un savant belge a recueilli, non
seulement dans des couches remontant au
Quaternaire ancien, mais aussi dans des assises
incontestablement tertiaires, des pierres qui,
sans être taillées, offrent, aux extrémités ou sur
les bords, de petites écaillures qui prouveraient
que l'Homme les a utilisées. Nos premiers ancêtres ignorant encore l'art de tailler la pierre,
auraient employé à certains usages des cailloux bruts dont des éclats se seraient détachés
pendant le travail : ces prétendus instruments
primitifs ont reçu le nom d'*éolithes*. Mais
des observations faites dans une fabrique de
ciment, auprès de Mantes, ont prouvé que les
rognons de silex de la craie, en s'entrecho-
quant dans les malaxeurs, peuvent acquérir
tous les caractères signalés sur les éolithes.
Par suite, on est en droit d'en conclure que
les galets roulés par les torrents sont suscep-

tibles, en se heurtant les uns contre les autres,
d'offrir ces écaillures qu'on a regardées comme
démontrant l'intervention de l'Homme. Et de
bons géologues affirment que les prétendus
instruments primitifs dont il s'agit se rencontrent toujours sur l'emplacement d'anciens
cours d'eau torrentueux. D'un autre côté, il
paraît probable que certains silex, incontestablement taillés, sont moins anciens qu'on ne
l'avait pensé.

Aussi, malgré la tendance que j'éprouve à
accepter en principe l'existence de l'homme
tertiaire, je dois bien reconnaître que les preuves qu'on en a données ne sont pas assez dé-
monstratives pour entraîner la conviction dans
tous les esprits. Il est donc prudent, avant de
se prononcer d'une façon définitive, d'attendre
des faits plus probants.

Il se pourrait fort bien, d'ailleurs, que les
entailles, les outils qu'on a attribués à un être
humain fussent le fait de quelque précurseur
de l'humanité, d'un être intermédiaire entre
les grands singes et l'homme. Cette hypothèse,
qui a été lancée jadis par G. de Mortillet, Hæckel et Hovelacque, n'avait réuni qu'un petit
nombre d'adhérents. Aujourd'hui, la question
a fait un pas : l'homme-singe, l'*Anthropopithèque*, comme l'appelait G. de Mortillet, a été
découvert à Java par un médecin de l'armée
hollandaise, le docteur Eugène Dubois, qui,
à l'exemple de Hæckel, l'a nommé *Pithecan-*

thrope, c'est-à-dire singe-homme, ce qui, en réalité, exprime exactement la même idée que le mot anthropopithèque.

III. — Subdivisions de l'époque quaternaire.

Les époques qui ont précédé la période géologique actuelle ont été de longue durée, et, pour les étudier fructueusement, les géologues et les paléontologistes ont établi des subdivisions. Bien que l'époque quaternaire ait été moins longue que les autres, elle n'en a pas moins duré fort longtemps, car quelques savants ont été jusqu'à lui assigner une durée de 200.000 ans. Ce chiffre paraît assurément exagéré. Il n'en est pas moins vrai que, pendant les temps quaternaires, les conditions climatologiques ne sont pas restées les mêmes du commencement à la fin, que les espèces animales et végétales se sont modifiées et que l'industrie humaine a subi une évolution qui n'a pu s'opérer que dans l'espace de centaines de siècles. Il est donc évident que lorsqu'on parle d'homme quaternaire, sans s'expliquer davantage, on emploie une expression bien vague. C'est pour faire cesser ce vague qu'on a cherché à subdiviser les temps quaternaires en époques secondaires. Édouard Lartet avait proposé une classification basée sur la prédominance de telle ou telle espèce animale à un moment donné. Il a établi les quatres divisions suivantes :

1o. Époque de l'ours des cavernes.
2o. Époque du mammouth et du rhinocéros à narines cloisonnées.
3o. Époque du renne.
4o. Époque de l'aurochs.

Chacune de ces époques finit lorsque l'animal qui la caractérise cesse de se montrer dans les couches géologiques. J'ai suivi dans leur énumération l'ordre d'ancienneté.

La classification de Lartet n'a qu'une valeur purement locale, mais elle s'applique assez bien au sud de la France.

G. de Mortillet, dans son livre intitulé : *Le Préhistorique*, a donné une classification qui repose principalement sur les différences industrielles, mais qu'il s'est efforcé de mettre en accord avec les phénomènes géologiques et avec la paléontologie. Elle a joui d'une telle vogue que je reproduis intégralement le tableau qui se trouve dans son ouvrage.

Tableau de la Classification des temps quaternaires par Gabriel de Mortillet.

NOMS	CLIMATS	ACTIONS GÉOLOGIQUES	PALÉONTOLOGIE VÉGÉTALE	PALÉONTOLOGIE ANIMALE	INDUSTRIES
Magdalénien	Froid et sec.	Formation du diluvium rouge. Dépôt atmosphérique.	Mousses polaires en Wurtemberg.	Homme, race de Laugerie Basse. Grand développement de la faune du nord : renne, saïga. Extinction de l'*Elephas primigenius.*	Gravures et sculptures. Instruments en os. Déchéance de la pierre. Beaucoup de lames. Burin caractéristique. Double grattoir.
Solutréen.	Température douce.	Très courte relativement. Continuation des terrasses. Retrait des glaciers.		Homme? Chevaux très abondants. Développement du *Cervus tarandus, Elephas primigenius;* plus de rhinocéros.	Vers la fin, apparition des instruments en os. Perfection de la taille de la pierre. Pointes taillées sur les deux faces et aux deux bouts. Pointes à cran. Origine et large développement du grattoir.
Moustérien.	Froid et humide.	Formation des terrasses. Grande extension des glaciers. Exhaussement du sol.		Homme, race d'Engis et de l'Olmo. *Ouibos moschatus. Ursus spelœus, Rhinoceros tichorhinus Elephas primigenius.*	Pas d'instruments en os. Dédoublement de l'instrument chelléen. Pointes, racloirs, scies, retouchés d'un seul côté.
Chelléen.	Chaud et humide.	Lehm supérieur. Alluvions des hauts niveaux. Remplissage des vallées. Affaissement du sol.	Plantes du bassin méditerranéen dans la vallée de la Seine et de Canstadt.	Homme, race de Néanderthal et de la Naulette. Développement des cerfs. Hippopotame. *Rhinoceros Merkii* (forme pliocène). *Elephas antiquus.*	Pas d'instruments en os. Un seul outil, l'instrument chelléen, toujours en roche locale.

De nombreux reproches ont été adressés à cette classification Ce qui est incontestable, c'est qu'elle s'applique tout au plus à la Gaule, et encore ne peut-elle être considérée que comme provisoire.

Dans ce tableau, l'époque la plus ancienne est celle de Chelles, la plus récente celle de la Madeleine.

Il m'arrivera dans le cours de ce travail, d'emprunter des expressions tantôt à la classification de Lartet et tantôt à celle de Mortillet; il me fallait donc les exposer toutes les deux pour être compris des lecteurs.

IV. — Évolution de l'industrie pendant l'époque quaternaire.

Pendant toute la durée de l'époque quaternaire, l'homme a fabriqué de nombreux outils en pierre, dont aucun n'est poli. Plus tard, au début de l'époque actuelle, nos ancêtres ont encore employé la pierre pour en tirer des instruments variés ; mais alors nous trouvons un certain nombre d'outils qui ont été polis en les frottant sur une autre pierre servant de *polissoir*. Il a donc fallu diviser la période de la pierre en deux âges :

1º. L'âge de la pierre taillée ou *époque paléolithique* :

2°. L'âge de la pierre polie ou époque *néolithique*.

Il est nécessaire d'ajouter, d'ailleurs, que pendant la seconde époque une foule d'armes et d'outils ont simplement été taillés, comme pendant l'époque précédente, mais les différences dans le travail permettent généralement de les reconnaître. Lorsqu'on parle d'époque de la pierre taillée ou d'époque paléolithique, on entend la période qui correspond à l'ensemble des temps quaternaires.

A. — Au début de ces temps, l'homme travaillait très grossièrement ses outils. A l'aide d'un marteau ou *percuteur*, il détachait de grands éclats d'un bloc ou *nucléus* et ces éclats étaient à peine retaillés. Si l'éclat présentait une forme allongée, s'il était mince et tranchait sur les bords, on l'utilisait comme *couteau* ; s'il se terminait en pointe aiguë, on s'en servait pour armer l'extrémité d'une *lance* en bois ; (1). Des fragments de grès, de calcaire, de silex ont été retaillés sur le pourtour de façon à en amincir les bords : ils sont devenus des *racloirs*. Des *disques*, dont on s'explique difficilement l'usage, ont été rencontrés dans des couches de cette époque. Mais l'instrument de beaucoup plus caractéristique est celui qui a reçu le nom de *hache* et qu'on doit plutôt con-

---

(1) D'autres outils aigus et retaillés pour obtenir une extrémité pointue, ont reçu le nom de *perçoirs*.

sidérer comme une massue. Cette hache présente une forme particulière, se rapprochant plus ou moins de celle d'une amande. Elle est taillée sur ses deux faces, mais toujours à grands éclats, comme tous les instruments, d'ailleurs, qu'on rencontre dans les mêmes couches. G. de Mortillet pense que beaucoup de ces haches devaient être tenues directement à la main et il leur a donné le nom de *coup-de-poing*. Il en est qui mesurent 25 centimètres de longueur. On en a trouvé un grand nombre dans la Somme, notamment à Saint-Acheul ; plus tard, un gisement important a été découvert près de Paris, dans la ballastière de Chelles. C'est du nom de ces gisements qu'on a tiré les noms d'*acheuléenne* et de *chelléenne* pour caractériser cette première époque.

B.— A la période suivante, appelée *époque du Moustier*, tous les outils en pierre sont encore taillés à grands éclats. L'homme a continué à se servir du *percuteur* ; il fabriquait toujours des *lames*, des *disques*, des *racloirs*, des *perçoirs* fort analogues à ceux de l'époque de Saint-Acheul. Certains racloirs présentent, sur les bords, des dents qui les ont fait considérer comme des *scies*. Mais la hache en forme d'amande devient rare. Cette massue est remplacée par une *pointe* mince, qui, à cause de sa faible épaisseur, pouvait pénétrer facilement dans les chairs. Dès que nos ancêtres commencèrent à tailler la pierre, ils obtinrent assurément des éclats triangulaires, à pointe aiguë, dont ils durent armer l'extrémité d'un bâton. S'étant rendu compte des avantages d'une telle arme, ils renoncèrent à peu près complètement à la massue de Saint-Acheul et s'ingénièrent à fabriquer des pointes de lance meurtrières. Pour leur donner plus de force de pénétration, ils enlevèrent souvent des éclats sur les bords afin de les amincir.

A l'époque du Moustier, l'homme a commencé à utiliser les esquilles d'os, les stylets de cheval pour en faire des sortes de *poinçons* ou d'*alènes*. Tout le travail a consisté à en user une extrémité par le raclage ou le frottement.

C. — Avec le temps et l'expérience, l'habileté des ouvriers qui travaillaient le silex se développa d'une façon remarquable. On continua à utiliser les *percuteurs*, les *lames*, les *pointes*, les *racloirs*, les *perçoirs* des époques précédentes. Ces instruments sont de mieux en mieux travaillés, mais ils restent identiques au fond. A Solutré, nous voyons apparaître un nouveau type d'outil ; c'est le *grattoir*. Qu'on se figure une lame de silex allongée, à bords à peu près parallèles, dont une extrémité a été retaillée de façon à obtenir un biscau tranchant, de forme convexe, et on aura une idée de l'outil. Mais ce qui caractérise l'industrie solutréenne, c'est la grande *pointe en forme de laurier*, retouchée sur les deux faces avec une habileté dont on se fait difficilement une idée quand on n'a pas vu l'objet. On en connaît qui mesurent près de 30 centimètres de longueur et dont l'épaisseur ne dépasse guère un centimètre. Quelques pointes plus petites dénotent tout autant d'adresse : je veux parler de celles qui ont été taillées de manière à obtenir un *cran* vers la base. L'aileron ainsi façonné rendait l'arme très redoutable, car une fois que la pointe avait pénétré dans le corps d'un animal, elle s'y trouvait retenue par cette saillie latérale. Enfin, à cette époque, on a rencontré des *burins* en silex, qui ont dû servir à travailler les objets en os (*poinçons, sifflets,* etc.) trouvés en assez grand nombre à Solutré, et à ébaucher les *gravures*, les quelques *sculptures* rudimentaires qu'on y a recueillies.

D. — A la Madeleine et dans les stations de la même époque, les outils en silex se montrent généralement moins finis qu'à Solutré ; ils n'en dénotent pas moins une grande habileté, une sûreté d'exécution remarquable et surtout une étonnante sagacité. L'ouvrier paraît avoir obtenu sans la moindre difficulté l'outil dont il avait besoin. Les *lames* ressemblent à celles des époques précédentes ; le *grattoir*, rare jusqu'ici, devient très abondant ; il est fort bien retaillé à l'extrémité la plus large. On trouve des *scies*, des *perçoirs*, dont la pointe a été retouchée avec un soin méticuleux, et de nombreux *burins*.

Une partie de ces outils était destinée à travailler l'os ou le bois de renne. Cet animal pullulait dans certaines régions et il fournissait aux hommes qui le chassaient, non seulement sa chair et sa peau, mais aussi ses bois, excellente matière première pour fabriquer une foule d'objets. On en tirait des *pointes de lances* et de *flèches*, tantôt cylindriques et terminées en pointe à une extrémité seulement, tantôt barbelées, soit d'un côté, soit des deux côtés à la fois ; le nombre et la forme des barbelures varient à l'infini. C'est avec le bois du renne que nos chasseurs confectionnaient des espèces de petits fuseaux un peu recourbés qui, attachés par le milieu, pouvaient servir d'*hameçons*, et qu'ils fabriquaient aussi leurs *harpons*. De l'os, ils tiraient des *poinçons*, des *lissoirs*, des *aiguilles*, des *poignards*, etc.

Ce n'était pas seulement à la fabrication d'objets usuels qu'était employé le bois de renne ; on en a rencontré de grands morceaux percés d'un ou plusieurs trous ronds et ornés de gravures ou de sculptures en bas-relief. Lartet les a considérés comme des *bâtons de commandement* ; d'autres veulent y voir des chevêtres ayant servi à atteler le renne, qui, dans cette hypothèse, aurait été domestiqué. Des phalanges de renne, percées d'un trou, sont désignées sous le nom de *sifflets de chasse* ; des plaques d'os portant des encoches, sont regardées comme des *marques de chasse*.

A cette époque l'homme était artiste.

Il a représenté au moyen de la *gravure* et de la *sculpture* une foule d'animaux qui vivaient autour de lui, et souvent avec une telle fidélité qu'on peut en reconnaître les espèces. Il a exécuté également quelques figurines humaines, qui se font généralement remarquer par la saillie exagérée de leurs fesses ; mais ces figurines sont loin d'être aussi parfaites que les rennes ou les autres animaux que l'artiste choisissait plus volontiers comme sujets.

Dans les contrées où le renne était peu abondant, comme dans les environs des Baoussé-Roussé, l'homme de cette époque était privé d'une grande ressource. Aussi était-il obligé de suppléer en partie au moyen de la pierre à l'absence du bois de cet animal pour la fabrication de ses pointes de lance ou de flèche. On trouve alors une pointe en silex, rappelant celle de l'époque du Moustier, mais retouchée avec un soin tout spécial sur les bords et à l'extrémité.

V. — L'Homme de l'époque quaternaire et son genre de vie.

Si nous sommes certains que l'homme vivait dès le début de l'époque quaternaire, nous n'en connaissons pas encore les caractères physiques. Ce que nous savons, c'est qu'à ce moment la température était douce ; l'éléphant antique, le rhinocéros de Merck, l'hippopotame, etc. ont laissé leurs os dans les graviers de Chelles, et tous ces animaux étaient organisés pour un climat chaud. Par suite, nos ancêtres pouvaient vivre à l'air libre ou sous des abris rudimentaires. Ils erraient dans les plaines, sur les plateaux, le long des cours d'eau surtout (car c'est là qu'on a rencontré le plus grand nombre d'outils de l'époque) sans avoir besoin de se couvrir de vêtements. Entourés d'animaux redoutables, ils étaient obligés de se défendre contre eux, et, lorsqu'ils en avaient mis à mort, ils utilisaient certainement leur chair pour se nourrir. D'ailleurs le gibier ne manquait ni dans les plaines, ni dans les fleuves ; et, armés comme ils l'étaient, les hommes d'alors pouvaient facilement pourvoir à leur alimentation.

A l'époque du Moustier la température s'était sensiblement abaissée. Les mammifères des pays chauds s'étaient éteints, et si, à côté de l'ours des cavernes, nous trouvons un rhinocéros (le rhinocéros à narines cloisonnées) et un éléphant (le mammouth), ces animaux étaient couverts d'une épaisse toison qui leur permettait de résister au froid. Aussi l'homme fût-il obligé de rechercher des abris. Les cavernes situées sur les bords des fleuves, inondées jusque-là, se découvrirent par suite de l'abaissement des eaux: il y établit sa demeure et devint *troglodyte*. Il fut obligé de couvrir sa nudité et il confectionna des vêtements avec la dépouille des animaux qu'il abattait. Les racloirs lui servaient à préparer les peaux, les poinçons à y percer des trous pour les fixer ensemble à l'aide de lanières. Il se livrait toujours à la chasse et faisait entrer dans son alimentation des végétaux sauvages et des racines, ainsi que l'indique l'usure considérable de ses incisives.

Nous connaissons, en effet, la race qui vivait alors dans nos contrées. De petite taille, avec un crâne déprimé, un front très fuyant, des arcades sourcilières formant un bourrelet énorme au dessus de grands yeux arrondis, ces individus avaient les mâchoires projetées en avant et le menton extrêmement fuyant. Ils semblent avoir été dans la nécessité, étant donnés les caractères de leurs fémurs et de leurs tibias, de marcher légèrement fléchis sur leurs jambes. Cette race, aujourd'hui assez bien connue, est appelée race de *Néanderthal* ou de *Spy*, du nom des localités où l'on en a découvert les restes les plus intéressants.

Lorsque j'ai rédigé la première édition de ce travail, les anthropologistes pensaient qu'à cette race avait succédé la belle race de *Cro-Magnon* ou de *Laugerie*. De grandes différences existaient entre les deux, la seconde ayant déjà tellement évolué qu'il paraissait difficile de la faire descendre de la première. On ne connaissait pas alors d'intermédiaire entre l'Homme de Spy et celui de Cro-Magnon. Depuis, une découverte de la plus haute importance, au point de vue de l'Évolution, a été faite aux Baoussé-Roussé : au cours des fouilles que le Prince de Monaco a fait pratiquer dans la grotte des Enfants, le chanoine L. de Villeneuve a rencontré deux squelettes humains qui offrent des caractères négroïdes très accentués. Sous certains rapports, ils rappellent la race de Spy, sous certains autres, ils font songer à la race de Cro-Magnon. A ce type nouveau, que j'ai longuement décrit dans un ouvrage récent, (1) j'ai proposé de donner le nom de type ou de race de *Grimaldi*, et cette proposition a été acceptée par les spécialistes.

Comme j'aurai à revenir avec quelques détails, à la fin de cet opuscule sur cette race et sur les représentants de la race de Cro-Magnon rencontrés en nombre important dans les cavernes des Baoussé-Roussé, je n'en résumerai pas ici les caractères.

A l'époque où vivaient les Négroïdes et les Cro-Magnons, le climat resta froid, et nos ancêtres durent encore chercher des abris dans les grottes ; ils continuèrent à se couvrir de vê-

____

(1) Dr R. VERNEAU, *Les Grottes de Grimaldi (Baoussé-Roussé)*. *Anthropologie* In - 4 de 212 p. avec 45 fig. et 11 planches en héliogravure, Monaco, 1906. – Cf. aussi : *Les fouilles du Prince de Monaco aux Baoussé-Roussé. Un nouveau type humain* (L'Anthropologie, T. XIII), et ALBERT GAUDRY, *Contribution à l'Histoire des Hommes Fossiles* (Ibid., T. XIV, 1903).

tements de peaux. dont ils assemblaient les différentes pièces à l'aide de ces aiguilles en os que j'ai signalées. Bien mieux armés que leurs prédécesseurs, ils devaient se procurer une abondante nourriture, et avec d'autant plus de facilité que bientôt le renne, le cheval et bien d'autres animaux qui entraient dans leur alimentation formèrent de nombreux troupeaux sauvages. Aussi les hommes du type de Cro-Magnon — et peut-être ceux de Grimaldi eurent-ils des loisirs qu'ils utilisèrent à développer leurs instincts artistiques; ce sont eux qui exécutèrent ces gravures, ces sculptures si remarquables que j'ai mentionnées plus haut. Ils montraient aussi un goût très prononcé pour les objets de parure et, afin de se procurer de belles coquilles, ils faisaient un commerce d'échange de tribu à tribu. Ces peuplades devaient avoir une véritable hiérarchie. Peut-être possédaient-elles des croyances religieuses, car certaines pendeloques ont été considérées comme des amulettes. En tout cas, il est certain qu'elles entouraient de soins leurs morts, et les inhumaient dans les cavernes qui leur servaient d'habitation.

VI. — L'homme de l'époque néolithique.

La race de Cro-Magnon survécut à l'époque quaternaire. Elle traversa toute la période de transition entre cette époque et l'époque actuelle, période sur laquelle nous commençons à avoir des renseignements, grâce surtout aux recherches de M. Piette. Au début de notre époque, elle vivait encore dans des grottes et s'adonnait à la chasse. Mais le renne ayant émigré, elle perdit une de ses plus grandes ressources. Son industrie s'en ressentit ; il lui fallut suppléer au bois de renne par la pierre. De nouveaux types d'instruments furent inventés, notamment une sorte de hache ou *tranchet*, qui n'était pas poli à son extrémité la plus large, mais qui se terminait néanmoins par un biseau tranchant. L'expérience avait appris à l'homme à reconnaître les meilleures pierres, celles qui s'éclataient le mieux et qui donnaient les plus grands éclats; il sut distinguer les bons silex des mauvais et il fabriqua des outils remarquables par leurs dimensions. Peut-être en arriva-t-il à la longue à découvrir sur place le moyen de polir quelques-uns d'entre eux.

Bientôt arrivèrent des envahisseurs, les uns à tête courte et à face large, les autres à tête longue, elliptique et à face étroite. Ils étaient armés de flèches pourvues de pointes barbelées en silex, savaient polir leurs instruments en pierre et faire de grossières poteries. Ils avaient domestiqué des animaux et cultivaient quelques plantes. Ils construisaient, pour y enterrer leurs morts, de grandes chambres composées d'immenses dalles, auxquelles on a donné le nom de *dolmens*. Ils savaient également construire des cabanes, ce qu'avaient probablement fait, d'ailleurs, quelques-uns de leurs prédecesseurs.

La guerre éclata entre ces races nouvelles et les descendants des hommes quaternaires. Les envahisseurs, grâce à leur supériorité industrielle, eurent le dessus et une partie de leurs adversaires abandonna le terrain, émigrant surtout vers le sud. Néanmoins un bon nombre restèrent dans le pays de leurs ancêtres, et la paix finissant par se conclure, des alliances eurent lieu, des croisements se produisirent, les races se fusionnèrent. Les Cro-Magnons adoptèrent l'industrie de leurs vainqueurs: ils se mirent à polir leurs haches, leurs ciseaux et quelques autres outils, à fabriquer de la poterie, à élever des animaux en domesticité, à cultiver des plantes et à construire des dolmens. A ce moment, le travail de la pierre acquit une perfection inouïe : les instruments qui n'étaient pas polis étaient soigneusement retouchés. Sur des lames, des pointes de lance ou de flèche, des poignards, etc., on enlevait, sans doute par pression, d'innombrables petits éclats qui permettaient de donner aux objets de formes très régulières. Ces instruments néolithiques ont un caractère spécial qui, presque toujours, les distingue nettement des instruments paléolithiques.

Tels sont, résumés aussi succintement que possible, les faits qu'ont mis en évidence les recherches modernes sur l'âge de la pierre. Dans cet exposé bien sommaire j'ai passé sous silence beaucoup de questions qui sont loin d'être dénuées d'intérêts ; mais je devais me limiter à quelques généralités et je ne voulais pas me laisser entrainer trop loin. J'espère que cette introduction, malgré ses lacunes, permettra au lecteur non versé dans les études d'archéologie de comprendre, sans trop de peine, les pages que je consacre à la Barma-Grande.

CHAPITRE PREMIER

Les Grottes des Baoussé-Roussé.

I. — Situation.

Lorsqu'on se rend de Menton en Italie, en longeant la mer, on aperçoit, à 200 mètres environ au-delà de la frontière, un grand massif de rochers que, dans le dialecte mentonnais, on désigne, à cause de sa couleur, sous le nom de *Baoussé-Roussé*, c'est-à-dire les Rochers-Rouges (*Balzi Rossi*, en italien). Le sommet en est parcouru par la route de la Corniche, qui conduit à Gênes. Du côté de la mer, la masse rocheuse se termine actuellement d'une façon abrupte, car, depuis un bon nombre d'années, des carriers en font sauter le front pour en tirer des matériaux de construction. Aujourd'hui un petit plateau d'une trentaine de mètres de largeur s'étend entre le pied des Baoussé-Roussé et le rivage.

Jadis la configuration des rochers était quelque peu différente. Vers le sud, ils s'avançaient jusqu'auprès de la mer ; ils n'en étaient séparés que par une voie romaine, la *Via Aureliana*, dont on retrouve encore des vestiges ; leur escarpement était alors beaucoup moindre.

Ce n'est pas seulement dans la direction du sud que le massif a été entamé ; il a été percé de l'ouest à l'est pour y faire passer, sous un tunnel, le chemin de fer qui conduit de Marseille à Rome et à Naples (fig. 2).

Les Rochers-Rouges sont creusés de grandes grottes, qui s'ouvrent toutes au midi. Dès 1786, de Saussure s'était occupé de ces cavernes et avait recherché leur mode de formation. Mais elles devaient rester encore plus d'un demi-siècle avant d'attirer spécialement l'attention sur elles. Ce fut, en effet, en 1846 que Florestan Ier, prince de Monaco, songea à y faire pratiquer des fouilles. Quelques années plus tard, son exemple fut suivi par M. Antonio Grand, de Lyon, qui de 1854 à 1858 fit chaque hiver des recherches dans les grottes. Puis vinrent MM. Forel (1858), Moggridge (de 1862 à 1871), Ernest Chantre (1864), Paul Broca (1865), Costa de Beauregard (1868), Ém. Rivière (1870 à 1875). Il y aurait ingratitude à oublier, dans cette énumération, le nom de M. L. Julien et celui de M. Bonfils, ancien syndic des marins de Menton, qui, pendant de longues années ont remué le sol des cavernes des Baoussé-Roussé et y ont recueilli un nombre considérable d'ossements et d'objets travaillés.

Pendant les années 1882 et 1883, le Prince hériditaire Albert de Monaco entreprit, dans la Barma-Grande, des fouilles que continua le professeur Orsini, en 1883. Depuis 1892, M.

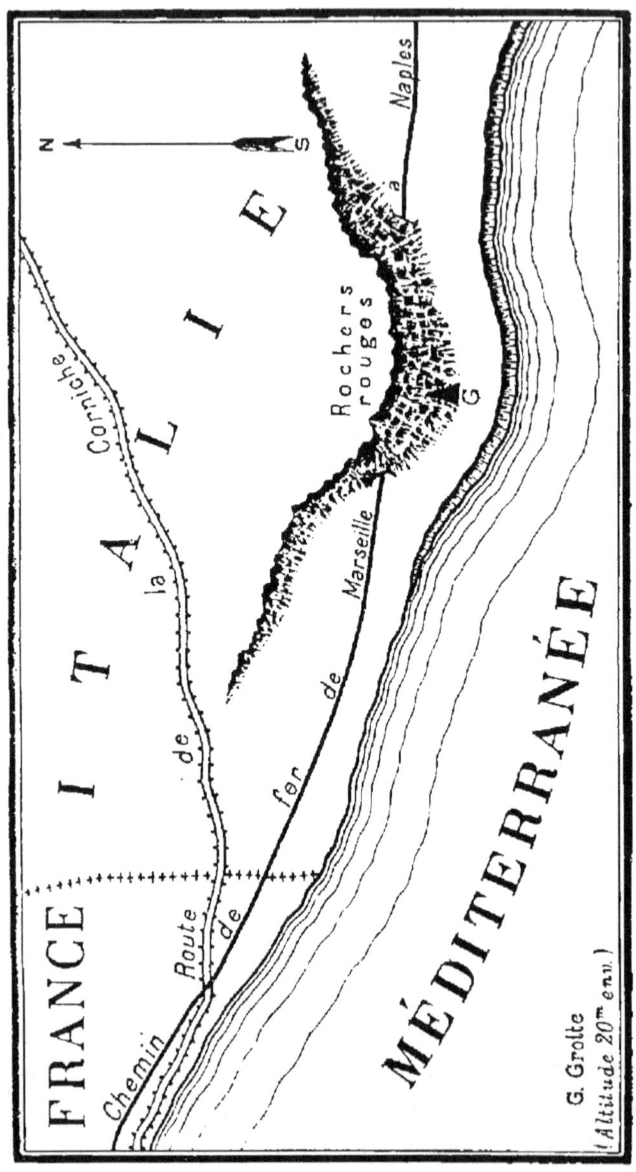

Fig. 2. — Les Baoussé-Roussé et la Barma Grande (G.).

Abbo a pratiqué, presque sans interruption, des recherches dans cette grotte, la plus importante de toutes, et les fructueuses récoltes qu'il y a faites sont aujourd'hui exposées dans le Musée préhistorique, comme je l'ai déjà dit. Enfin, de 1895 à 1902, Prince Albert 1er a fait exécuter, sous la direction du chanoine de Villeneuve, des fouilles méthodiques dans la grotte des Enfants, l'abri Lorenzi, la grotte du Cavillon et la grotte du Prince, celle-ci encore vierge de toute exploration ; les résultats obtenus ont dépassé toutes les espérances. On peut voir, classés dans le Musée anthropologique de Monaco, spécialement construit pour les recevoir, les produits de ces fouilles, conduites avec tant de soin qu'elles ont permis de résoudre définitivement certaines questions fort controversées auparavant.

Les nombreux travaux publiés jusqu'à ce jour ont rendu justement célèbres les *Grottes de Menton*. C'est, en effet, sous ce nom qu'elles sont généralement désignées quoiqu'elles soient situées, comme nous l'avons dit, sur le territoire italien. En 1846, elles dépendaient encore de la principauté de Monaco ; mais à l'heure actuelle elles font partie du royaume d'Italie, puisqu'elles se trouvent sur la commune de Vintimille, au hameau de Grimaldi.

Pour s'y rendre en partant de Menton, la promenade est charmante. Le trajet peut se faire à pied, en quarante minutes à peine. Un tramway conduit jusqu'à la promenade Saint-Louis, où l'on se trouve à dix minutes des grottes. Enfin, depuis quelques mois, il est possible d'arriver en voiture jusqu'aux rochers mêmes, car les douaniers français et italiens laissent circuler librement les voitures, qui débarquent les voyageurs au *Restaurant des Grottes*, fondé par M. Abbo. On longe ainsi le rivage de la mer et l'on voit se dérouler, à gauche, des jardins merveilleux, des villas ravissantes, des hôtels d'un aspect princier. Un cirque, constitué par de hautes montagnes, atteignant 1.377 mètres à 5 kilomètres du littoral (Mont Granmondo), abrite contre les vents du nord toute la région qui s'étend jusqu'aux Rochers-Rouges et au delà. On comprend aisément, lorsqu'on accomplit cette promenade, la vogue dont jouit Menton comme station hivernale et on s'explique avec la même facilité que cette contrée privilégiée ait été choisie comme lieu d'habitation par nos ancêtres préhistoriques. Les fouilles que je viens de rappeler ont, en effet, démontré que les cavernes des Baoussé-Roussé ont servi d'habitations et de lieux de sépulture à l'homme dès une époque fort reculée. Ce sont les principaux résultats de ces fouilles que je me propose d'exposer dans ce petit travail.

II. — Aperçu général.

Les grottes des Baoussé-Roussé sont au nombre de neuf. Elles sont percées dans un massif de calcaire *nummulitique*, c'est-à-dire dans une roche calcaire compacte, qui s'est déposée sous la mer, ainsi que le démontrent les milliers de petites coquilles marines qu'on rencontre dans cette roche et auxquelles les savants ont donné le nom de nummulites. Les dimensions des cavernes sont considérables. La plus grande, la *Barma-Grande* (la cinquième à partir de la frontière), mesurait encore, en 1892, 16 mètres de profondeur sur 4 mètres environ de largeur à l'entrée. Elle se rétrécit peu à peu de façon à n'avoir plus 3 m. 50 de large vers son milieu et à n'offrir, à 3 m. 70 du fond, que 1 m. 30 dans le sens transversal. Sa hauteur est d'une vingtaine de mètres en avant, et elle n'a pas encore été déblayée jusqu'au sol primitif. Il y a trente ans, elle s'étendait plus loin vers le sud et sa profondeur était alors de 28 à 30 mètres ; sa largeur, à l'entrée, atteignait 6 m. 60. La diminution de la caverne dans le sens de la profondeur tient à ce fait, déjà signalé, que, le calcaire nummulitique fournissant de très bons matériaux de construction, le propriétaire en a, comme ses voisins, fait sauter toute la façade pour en tirer de la pierre à bâtir.

FIG. 3. — L'entrée de la Barma-Grande en 1899.

L'entrée de la Barma-Grande se trouve à vingt mètres à peu près au dessus du niveau de la mer. Elle s'ouvre du côté du rivage, c'est-à-dire vers le sud, ainsi que toutes les autres cavernes qui se trouvent dans le voisinage.

Lorsque le massif des Rochers-Rouges a émergé des eaux de la Méditerranée, les grottes étaient entièrement vides. Mais peu à peu elles ont été partiellement comblées par des fragments de roche qui se sont détachés de la voûte ou des parois, par des matériaux divers qui y ont pénétré soit à travers les fissures de la roche, soit par l'entrée, par l'accumulation de cendres et de charbons résultant des feux allumés par les gens qui s'y réfugiaient et d'ossements d'animaux qui, pour la plupart, ont dû être tués par l'homme et apportés là pour servir à sa nourriture. C'est ainsi que la Grande Grotte, dont la hauteur mesurait plus de vingt mètres, s'est trouvée peu à peu remplie jusqu'à neuf ou dix mètres de son sommet. Le dépôt dépassait donc dix mètres d'épaisseur. Il a fallu assurément des siècles pour qu'il atteigne une semblable importance. Aujourd'hui une grande partie de ce dépôt a disparu ; le propriétaire l'a enlevé pour se procurer une terre fertile qui lui a servi à constituer un jardin à côté de la caverne, et c'est en enlevant ces détritus qu'il a fait les découvertes si intéressantes dont il va être question. On voit encore très bien le niveau qu'atteignaient ancienne-

ment les terres. En 1884 lorsque MM. Julien et
Bonfils, de Menton, commencèrent leurs fouilles, ils eurent le soin d'enfoncer des clous dans
la roche pour indiquer la limite supérieure du
remplissage. D'ailleurs, on distingue très nettement cette limite, car les parois de la grotte
sont d'un ton plus clair dans toute la partie qui
était comblée ; exposée à l'air, la région supérieure avait acquis une teinte d'un gris foncé
qui contraste avec le reste.

Au point de vue de l'ancienneté, il est bien
évident que les couches les plus vieilles sont
celles qui se sont déposées à la partie inférieure de la grotte, et les plus récentes celles
de la surface. Toutefois, il est nécessaire de
s'assurer qu'aucun remaniement n'a été opéré,
car des objets des couches profondes pour-
raient, au cours d'excavations, avoir été ramenés à la surface, tandis que d'autres objets
gisant primitivement à des niveaux superfi-
ciels tomberaient au fond des cavités. Il faut
bien avouer que, pour les grottes des Baoussé-
Roussé, on ne s'est pas toujours préoccupé de
l'intégrité des assises ; j'ajouterai même que
l'attention des fouilleurs ne s'est guère portée
sur ce point que depuis quelques années.

Les premiers chercheurs ont récolté pré-
cieusement les débris d'animaux et les restes
d'industrie humaine qu'ils rencontraient ; mais
ils ne se sont pas préoccupés de noter le niveau
auquel gisait chaque pièce. Il est vrai que la

plupart d'entre eux n'ont fouillé que les couches supérieures.

M. Rivière parait, au premier abord, avoir agi différemment. Il déclare qu'il a étudié par assises le sol de la quatrième caverne, « le faisant creuser peu à peu et par couches successives de 0 m. 25 d'épaisseur depuis l'entrée de la grotte jusqu'au fond... » (1) ; mais il néglige presque constamment de nous faire connaître la profondeur à laquelle il a trouvé ses objets. La question lui a sans doute paru peu importante, car il lui avait suffi d'acquérir la conviction que le dépôt tout entier s'était formé pendant l'époque quaternaire : « Les grottes de Menton, dit-il, appartiennent à une seule et même époque depuis la surface du sol jusqu'au fond -- du moins pour celles d'entre elles que nous avons explorées -- à l'époque quaternaire géologiquement parlant » (2). A maintes reprises il revient sur ce fait et il ne semble pas avoir songé à établir des subdivisions. Pour lui, tout est de la même époque, et, par suite, la question des niveaux ne devait pas avoir l'intérêt qu'y attachent les archéologues aussi bien que les géologues ou les paléontologistes.

Cependant on avait parlé de poteries, de ha-

---

(1) É. RIVIÈRE, *De l'antiquité de l'homme dans les Alpes-Maritimes*. Paris 1887, p. 129.

(2) É. RIVIÈRE, *Op. cit.*, p. 199.

ches polies, rencontrées dans les grottes des
Rochers-Rouges, et il était impossible de faire
remonter ces objets à l'époque quaternaire. M.
Rivière s'évertua à démontrer que ces découvertes étaient discutables et que certaines
pièces avaient été récoltées ailleurs. Mais lui-
même découvrait une hache polie brisée à ses
deux extrémités. « Nous l'avons trouvée à la
surface du sol, au milieu de quelques pierres
accumulées dans un coin de la troisième caverne, où les douaniers italiens se mettaient
souvent à l'abri pour guetter le passage d'individus qui, à l'époque où nous avons commencé
nos fouilles, faisaient journellement la contre-
bande et auxquels, maintes fois, quelques-unes
de nos cavernes ont servi de refuge la nuit,
tandis que leurs anfractuosités étaient utilisées
comme cachettes de marchandises à passer à la
frontière. Il ne nous est pas possible, dans ces
circonstances, d'indiquer la véritable origine
de cette hache... » (1). Il est bien probable que
ce ne sont ni les douaniers, ni les contreban-
diers qui l'ont apportée et qu'elle gisait primitivement dans les couches superficielles de la
caverne. En tout cas, la probalité de l'existence
de couches ne remontant qu'à l'époque de la
pierre polie, l'existence certaine d'une épaisse
couche ayant commencé à se déposer au début
de l'époque quaternaire et s'étant accrue jus-

Ém. RIVIÈRE, *Op. cit.*, p. 300.

qu'à la fin de cette époque, obligeaient à procéder avec beaucoup de soin et de méthode.

. Dans la Barma-Grande, les fouilles ont été faites à l'origine comme ailleurs ; et lorsque M. Abbo entreprit de vider la grotte, il ne songea guère à en faire une exploration méthodique. Les couches superficielles vinrent se mélanger dans son jardin aux terres fournies par les différents étages du dépôt, qui avait été attaqué de front. Heureusement la découverte de squelettes humains modifia un peu sa manière de faire. Le déblaiement subit un temps d'arrêt, et actuellement la grotte est loin d'être complètement vidée. C'est ce qui m'a permis de faire certaines observations précises dans les couches inférieures. Ces observations concordent, d'ailleurs, d'une façon très satisfaisante avec celles que le chanoine L. de Villeneuve a faites depuis dans des grottes voisines, dont les assises sont de tout point comparables aux dépôts stratifiés de la Barma Grande.

M. de Villeneuve a procédé à ses fouilles avec un soin méticuleux : il a noté couche par couche, foyer par foyer, tout ce qui a été rencontré dans l'épaisseur des terres remplissant les cavernes. Par suite, il est arrivé à établir de nombreuses subdivisions. Dans ce petit travail, je ne saurais songer à les passer toutes en revue et je me bornerai à renvoyer le lecteur désireux d'avoir des données détaillées à l'ou-

vrage qu'il a publié (1) et à celui du professeur
Marcellin Boule (2). D'ailleurs, il est possible
de résumer en quelques lignes les conclusions
qui se dégagent des faits observés dans les
deux grottes, qui ont été fouillées méthodiquement de la surface au fond.

« Les dépôts de la Grotte du Prince, dit M.
Boule, se laissent facilement diviser en deux
groupes que séparent les grands blocs éboulés
et dont l'allure est assez différente ». En bas,
ont été rencontrées des espèces animales déno-
tant un climat chaud : Éléphant antique, Rhinocéros de Merck et Hippopotame. Plus haut,
l'Hippopotame disparaît tandis que le Chamois fait son apparition. Plus haut encore, la
faune de la période chaude fait totalement défaut, mais on rencontre de nombreuses traces
des fauves des cavernes, et bientôt le Renne
apparaît à son tour dans les dépôts.

En somme, les animaux dont les débris ont
été recueillis dans la Grotte du Prince, démontrent que les couches qui la remplissaient se
sont formées pendant toute la durée de l'é-
poque quaternaire, celles du fond correspon-

---

(1) Chanoine L. de VILLENEUVE. *Les Grottes de Grimaldi*
(Baoussé-Roussé). Historique et Description. In 4° de 70 p.
Monaco, 1906.

(2) MARCELLIN BOULE, *Les Grottes de Grimaldi (Baoussé-*
Roussé). Géologie et Paléontologie. In 4° de 156 p., avec 18 fig.
et 13 planches, Monaco, 1906.

dant au Quaternaire ancien, les intermédiaires au Quaternaire moyen, et celles de la partie supérieure, au Quaternaire récent.

Les dépôts de la Grotte des Enfants paraissent, dans leur ensemble, un peu plus récents que ceux de la Grotte du Prince. Cependant, les couches les plus profondes renfermaient aussi des restes du Rhinocéros de Merck, mais, au lieu de s'y trouver associés à ceux de l'Éléphant antique et de l'Hippopotame, ils se rencontraient à côté d'ossements du grand Ours des Cavernes (*Ursus spelæus*) et de l'Ours brun (*Ursus arctos*). Par suite, on peut croire qu'elles se sont formées pendant la période qui fait le passage entre le Quaternaire ancien et le Quaternaire moyen. Les instruments en pierre qu'on y a rencontrés démontrent que l'Homme fréquentait à ce moment les Grottes des Baoussé-Roussé.

Immédiatement au-dessus, commençaient les assises du Quaternaire moyen, caractérisées par un grand Bovidé, l'Ours des Cavernes (*Ursus spelæus*), l'Hyène des Cavernes (*Hyæna spelæa*), et un Castor de grande taille, et par l'absence de Rhinocéros. A ces animaux, sont venus bientôt se joindre l'Élan (*Cervus alces*), le Chamois (*Rupicapra tragus*), la Panthère (*Felix pardus*), la Marmotte (*Arctomys marmotta*). Dans les couches inférieures du Quaternaire moyen ont été rencontrés deux squelettes humains, à caractères franchement négroïdes, et un plus haut, un autre squelette reproduisant le type de Cro-Magnon.

Le Quaternaire récent était représenté dans la Grotte des Enfants par d'épaisses assises qui contenaient des restes de Renne (*Cervus tarandus*) et de nombreux instruments en pierre.

Enfin, dans un témoin des couches supérieures, laissé en place contre la paroi occidentale de la grotte, M. de Villeneuve a découvert, sur un foyer, un dernier squelette, à côté duquel se trouvaient des restes de Sanglier, de Bouquetin et de Cerf commun. Au dessus, il a recueilli les mêmes espèces et des ossements de cheval. Mais, tous ces animaux ayant été rencontrés dans les couches les plus profondes et vivant encore aujourd'hui, il est bien difficile de dater exactement les couches qui ont livré leurs ossements : elles peuvent être quaternaires, comme elles peuvent s'être déposées depuis le commencement de l'époque actuelle.

Quoi qu'il en soit, les observations faites avec un soin qui défie toute critique dans la Grotte du Prince et dans la Grotte des Enfants, vont nous être d'une réelle utilité pour la détermination des couches de la Barma Grande.

III. — La Barma Grande.

J'ai donné plus haut des indications suffisantes sur la grotte elle-même pour n'avoir pas à y revenir. J'ai dit qu'elle n'était pas encore

complètement fouillée et que M. Abbo n'était pas
arrivé au sol rocheux de cette caverne. Il reste
à enlever une grande épaisseur de terre pour
atteindre ce sol ; mais une excavation pratiquée dans les couches inférieures a permis de
constater que le dépôt est semblable à celui
des grottes voisines. A l'heure actuelle, on
peut isoler nettement des assises datant d'époques bien différentes les unes des autres, et
s'il n'est pas possible de les suivre pas à pas,
comme l'a fait M. de Villeneuve, dans la Grotte
du Prince et dans la Grotte des Enfants, il convient cependant d'en dire quelques mots. Je
commencerai par la plus ancienne, c'est-à-dire
par celle qui est située à la plus grande profondeur, et décrirai les autres dans l'ordre de
leur superposition.

A. — Couche du Quaternaire inférieur.

Au cours de ses sondages dans les couches
inférieures de la Barma Grande, M. Joseph
Abbo a rencontré d'abondants restes d'animaux, qui n'ont pas été tous déterminés jusqu'ici : je me bornerai à signaler les ossements
de Rhinocéros et d'Éléphant. Ce dernier pa-
chyderme a fourni quelques-unes de ses dents,
plusieurs os isolés et un os iliaque avec lequel
était encore articulée l'extrémité supérieure
du fémur correspondant. Ce fait dénote qu'aucun remaniement n'a eu lieu à cette place et

autorise à affirmer que la couche dont il s'agit s'est formée lorsque l'espèce à laquelle appartient l'éléphant des Baoussé-Roussé comptait encore des représentants dans la contrée.

Le Rhinocéros est représenté, dans nos terrains quaternaires, par deux espèces : le Rhinocéros de Merck qui vivait, comme je l'ai rappelé, à l'époque où se déposaient les couches du Quaternaire ancien, alors que le climat était encore chaud, et le Rhinocéros à narines cloisonnées (*Rhinoceros tichorhinus*) qui est un des mammifères du Quaternaire moyen. C'est à la première de ces espèces que se rapportent les ossements exhumés par M. Abbo. Sa présence dans la Barma Grande autoriserait à croire que les premiers dépôts datent du Pléistocène inférieur si, comme je l'ai fait remarquer dans le paragraphe précédent, l'espèce n'avait persisté fort longtemps. Mais les doutes qu'on pourrait avoir disparaissent quand on examine les restes de l'Éléphant.

On a rencontré en Europe plusieurs Éléphants fossiles ; trois d'entre eux : le Mastodonte, le Dinotherium et l'Éléphant méridional ont vécu pendant l'époque tertiaire ; l'Éléphant antique est caractéristique du Quaternaire inférieur, tandis que le Mammouth (*Elephas primegenius*) vivait pendant le Quaternaire moyen, avec des animaux qui ne s'accommodent que d'un climat froid. On est un peu surpris, au premier abord, de constater

qu'il a vécu, dans nos contrées, un Rhinocéros
et un Éléphant à une époque où les glaciers
avaient acquis leur maximum de puissance ;
mais ce Rhinocéros et cet Éléphant étaient
pourvus d'une épaisse toison qui leur permettait de résister à une température assez basse.
Le Mammouth était, en outre, remarquable par
ses grandes défenses recourbées. Sauf en Si-
bérie, où les derniers représentants de l'espèce
se sont conservés dans la glace comme dans un
appareil frigorifique, la toison a naturellement
disparu, et, si les défenses ne sont pas retrouvées, on pourrait croire qu'il est difficile de
reconnaître l'animal ; il n'en est rien. En dehors des particularités que présente l'ensemble du squelette, les molaires offrent des caractères qui permettent de déterminer avec certitude l'espèce d'éléphant en présence de laquelle on se trouve. Le Mastodonte, le plus ancien, possède des molaires pourvues de mamelons disposés en lignes transversales, mais
isolés les uns des autres. Dans une espèce plus
récente, les mamelons se réunissent et constituent de crêtes séparées par de profonds sillons. Plus tard, les crêtes deviennent plus
nombreuses et les sillons, moins profonds,
sont en partie comblés par du cément. Enfin
les sillons se comblent tout à fait, mais les la-
melles osseuses recouvertes d'émail qui divisent la molaire verticalement varient de nombre et de disposition suivant les espèces.

Or, la molaire rencontrée par M. Abbo dans les couches inférieures de la Barma Grande (fig. 4) ne permet pas d'hésiter sur la détermination de l'animal auquel elle a appartenu : c'est l'Éléphant antique, autrement dit un des mammifères caractéristiques de la faune chaude. L'association de l'Éléphant antique au Rhinocéros de Merck autorise à affirmer que, dans la Barma Grande comme dans la Grotte

Fig. 4. — Molaire d'Éléphant antique.

du Prince, les couches profondes remontent au Quaternaire ancien.

Ce ne sont pas seulement des ossements d'animaux que M. Joseph Abbo a rencontrés dans les couches profondes de la Grande Grotte ; il y a également recueilli des instruments en pierre fabriqués par l'Homme. Ces assises méritent donc d'être soigneusement fouillées car elles ne peuvent manquer de fournir d'intéressantes données sur nos ancêtres du Pléistocène inférieur. Déjà, les objets d'industrie qui y ont été découverts en pratiquant une simple excavation présentent un facies spécial et diffèrent notablement de ceux rencontrés à des niveaux plus élevés. J'en dirai quelques mots dans le troisième chapitre.

B. — Couches du Quaternaire moyen et du Quaternaire supérieur.

J'ai dit plus haut que les premiers explorateurs de la Barma Grande avaient fouillé au petit bonheur, sans méthode, dans l'unique but de récolter quelques objets ou quelques ossements. Je n'ai pas cherché à dissimuler que M. Abbo avait opéré de même à l'origine ; mais, lorsqu'il eut compris l'intérêt qu'il y avait à procéder méthodiquement, il se mit à noter le niveau et les conditions de gisement de chaque instrument, de chaque os qu'il découvrait.

Toutefois, les dépôts accumulés dans la grotte avaient été remués sur une trop grande épaisseur pour qu'il fût possible d'en reconstituer tous les étages. De-ci de-là, apparaissaient des témoins intacts des couches anciennes, et, vers la partie la plus reculée de la grotte, ils se continuaient sans interruption sur une grande étendue. C'est là seulement qu'il a été permis de faire des observations précises.

Quoi qu'il en soit, on n'est guère en mesure d'isoler le Quaternaire moyen du Quaternaire supérieur. Je montrerai dans un instant l'importance des assises qui se sont formées pendant l'âge du Renne, et nous venons de voir qu'en bas les dépôts les plus anciens ont livré des restes d'Éléphant antique et de Rhinocéros de Merck. Les phénomènes de remplissage se sont donc produits comme dans la Grotte des Enfants et dans celle du Prince. Par suite, on peut en conclure qu'il existe, ou qu'il a existé, des couches datant du Pléistocène moyen, et il est fort possible qu'on les trouve dans la partie qui n'a pas encore été explorée. Quant à la couche de l'âge du Renne, son existence ne fait pas le moindre doute, et je n'hésite pas à affirmer que, de même que dans la Grotte des Enfants, elle atteignait une épaisseur considérable. Lors de mes premiers voyages aux Baoussé-Roussé, il était facile de la suivre, vers le fond de la grotte, sur une épaisseur de plus de deux mètres. Les renseignements qui m'ont été fournis par différentes personnes ayant travaillé dans la caverne, me donnent à croire qu'elle se poursuivait sensiblement plus haut.

Faune mammalogique. - Les recherches de MM. Julien et Bonfils ne sauraient en aucune façon nous renseigner à cet égard. Dans le Musée de Menton, on voit un certain nombre d'ossements de mammifères récoltés jadis par eux, et ils sont attribués aux espèces suivantes :

1° Cheval (*Equus caballus*).

2° Cerf commun (*Cervus elaphus*).

3° Chevreuil (*Cervus capreolus*).

4° Urus ou bœuf primitif (*Bos primigenius*).

5° Chèvre primitive (*Capra primigenia*).

Mais, comme on ne possède aucune indication sur les niveaux auxquels ils ont été recueillis, on ne peut rien en conclure.

M. Rivière aurait dû nous fournir des indications précises, s'il a pratiqué ses fouilles avec le soin particulier dont il parle. Et cependant on ne trouve dans son livre que des données très vagues. Lorsqu'il parle de la CINQUIÈME CAVERNE ou BARMA GRANDE (la Grande Grotte), il s'exprime en ces termes au sujet des animaux: « Nous y avons rencontré comme faune à peu près les mêmes animaux que dans les quatre premières cavernes, si ce n'est un plus grand nombre d'ossements de batraciens. D'ailleurs les os et les dents de toutes sortes, entiers ou brisés, y sont tellement abondants que, à une certaine profondeur au-dessous du premier niveau, la terre en est comme pétrie (1). » Il insiste sur l'abondance du sanglier vulgaire, qu'il appelle *Sus scrofa fossilis*, et d'un autre porcin qui serait le *Sus Polucci*. Enfin, il note l'accumulation, vers le fond de la grotte, de

---

(1) Ém. RIVIÈRE. *Op. cit.*, p. 181.

bois de cervidés gisant «dans les foyers situés à 1 m. 50 de profondeur et plus bas (1) ». Ces mots « 1 m. 50 de profondeur et plus bas » ne sont pas assez précis pour qu'on en tire aucune conclusion, l'assise quaternaire pouvant se terminer à un niveau inférieur.

A propos des objets travaillés en os, M. Rivière ne nous renseigne pas avec plus de précision. Rares dans les couches supérieures, « ils étaient, au contraire, des plus nombreux, dit-il, à partir d'une *certaine* profondeur (2). » Il cite un os pénien d'*ours*, taillé en forme de poinçon, et une côte de *bœuf* ayant servi à fabriquer un lissoir, sans compter de nombreux objets en bois ou en os de cerf. Lorsqu'il parle de la côte de bœuf, il dit qu'elle est d'une coloration acajou, comme plusieurs autres pièces, et notamment comme quelques-unes des dents de rhinocéros. Il aurait donc trouvé des dents de rhinocéros. Étant donné la faible profondeur relative à laquelle il est parvenu, il est extrêmement vraisemblable qu'il ne s'agit pas du Rhinocéros de Merck, mais bien du Rhinocéros à narines cloisonnées (*Rhinoceros tichorhinus*), animal bien plus récent que son congénère.

En réalité la question n'était nullement résolue lorsque M. Abbo fit ses premières décou-

---

(1) Ém. RIVIÈRE. *Ibid.*, p. 182.
(2) Ém. RIVIÈRE. *Ibid.*, p. 187.

vertes. Les squelettes humains qu'il rencontra dans la couche dont je m'occupe en ce moment l'incitèrent à recueillir tout ce qui se trouvait au même niveau. J'avais constaté que les squelettes provenaient d'individus inhumés dans une fosse dont la profondeur était impossible à déterminer, et il se pouvait fort bien qu'ils ne fussent pas contemporains du terrain dans lequel la fosse avait été creusée. Le doute était d'autant plus permis que nous ne possédions pas encore les précieux renseignements que les fouilles du Prince de Monaco nous ont fournis sur l'âge des sépultures similaires de la Grotte des Enfants, et que les observations de M. Rivière semblaient à certains savants manquer de rigueur scientifique. La preuve en est dans ce fait que les uns acceptaient, avec M. Rivière, que les squelettes étaient quaternaires, tandis que les autres soutenaient qu'ils ne remontaient pas au-delà de l'époque néolithique.

Pour déterminer approximativement l'âge des restes humains, je recommandai à M. Abbo, qui avait consenti à me confier plusieurs caisses d'ossements d'animaux, de ne m'envoyer que ceux ramassés dans le voisinage immédiat des squelettes. M. le professeur Henri Filhol et M. Marcellin Boule, aujourd'hui professeur de Paléontologie au Muséum, voulurent bien se charger de leur examen. La compétence bien connue de ces deux savants ne peut laisser aucun doute sur l'exactitude de leurs déterminations. Voici la liste des mammifères qu'ils ont rencontrés :

1° Le Renard (*Canis vulpes*).

2° Le Cheval (*Equus caballus*).

3° Le Sanglier (*Sus scrofa*).

4° Le Bœuf (*Bison europæus?*).

5° Le Cerf commun (*Cervus elaphus*).

6° Le Chevreuil (*Cervus capreolus*).

7° Le Bouquetin (*Capra ibex*).

8° Un ruminant appartenant au genre *Ovis* (Mouton) ou *Capra* (Chèvre), représenté seulement par des fragments de mâchoires avec la dentition de lait.

De tous ces animaux, c'est le Cerf qui est de beaucoup le plus abondant. Les individus dont les débris ont été recueillis se divisent en deux groupes : les uns sont entièrement semblables à notre Cerf actuel, les autres sont plus grands et se rapprochent à ce point de vue du Cerf du Canada (*Cervus canadensis*).

Dans cette liste, nous ne trouvons aucun mammifère qui soit vraiment caractéristique de l'époque quaternaire. Le Cheval, le Sanglier, le Bœuf, le Cerf commun, le Chevreuil et le Bouquetin ont bien été rencontrés depuis dans tous les niveaux de la Grotte du Prince et de la Grotte des Enfants, aussi bien dans les assises supérieures que dans celles qui renfermaient des débris de Rhinocéros de Merck, de l'Éléphant antique ou d'Hippopotame ; mais ils vivent encore de nos jours. Il n'y avait que le grand Cerf qui fût assez différent, par la taille, de nos Cerfs modernes d'Europe. — Il fallait donc d'autres faits pour permettre de résoudre le problème.

Au mois de mars 1899, lorsque, accompagné de mon ami M. Boule, je me suis rendu de nouveau aux Baoussé-Roussé, mon savant collègue avisa un fragment de mâchoire inférieure, qui appela immédiatement son attention et qui provenait de la couche dont nous cherchons, en ce moment, à déterminer l'âge. Il reconnut de suite un débris de Renne. Malgré la certitude qu'il avait de ne pas se tromper, il demanda que la pièce lui fût confiée pour pouvoir la montrer à M. le professeur Gaudry. La question avait, en effet, une importance de premier ordre, comme je le montrerai dans un instant. L'animal d'où provient cette mâchoire était un Renne âgé ; les deux molaires encore en place sont fortement usées (fig. 5). On peut donc voir très nettement la disposition des couches d'émail internes et externes, qui arrivent au contact les unes des autres et qui ne sont nullement disposées comme chez le Cerf commun. Par suite, il est incontestable que l'assise dont il est question en ce moment s'est formée lorsque le Renne (*Cervus tarandus*) vivait encore dans le midi de la France.

La découverte de M. Boule présente un très grand intérêt. On savait que le Renne s'était avancé jusqu'à la région des Pyrénées, mais on prétendait qu'il n'avait pas atteint le versant méditerranéen des Alpes. M. Rivière avait dit à ce propos : « Quant au renne il n'existe pas dans les cavernes des Baoussé-Roussé ; nous n'en avons jamais trouvé la moindre trace. Il paraît du reste également faire défaut dans toutes les autres cavernes de l'Italie. Son

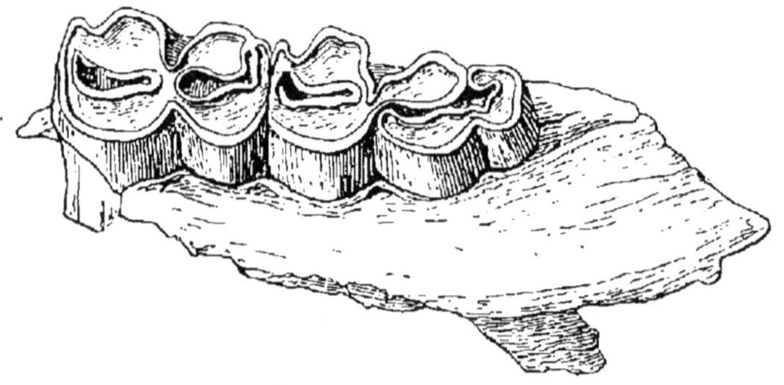

Fig. 5. — Fragment de maxillaire inférieur de Renne.

absence ne tient pas à l'âge auquel vivait l'homme de nos cavernes, car à une époque antérieure, à l'époque de la grotte de Grimaldi, par exemple, dont la faune est certainement plus ancienne que celle des Baoussé-Roussé, nous n'en avons pas trouvé non plus un seul ossement. Cette absence pourrait s'expliquer plutôt par les conditions climatériques, malgré la présence dans nos grottes des restes du *Rhinoceros tichorhinus* et du *Gulo spelæus*. En tout cas, il paraît à peu près certain que le renne n'a pas descendu le versant méditerranéen des Alpes (1). »

Ce qui paraissait à peu près certain à M. Rivière ne l'est plus : le Renne a sûrement vécu sur le versant méditerranéen des Alpes. Et ce n'est pas seulement dans la Barma Grande qu'on a rencontré ses restes ; le chanoine de Villeneuve en a recueilli dans la Grotte du Prince et dans la Grotte des Enfants. L'escarpement des montagnes dans la région des Baoussé-Roussé pourrait faire croire que la contrée ne devait guère lui plaire, quoique, dans le nord de l'Europe, on voit actuellement le Renne sauvage se retirer sur les hauteurs pendant la saison chaude. Mais la configuration du rivage méditerranéen n'était pas, à l'époque quaternaire, ce qu'elle est aujourd'hui. Les sondages exécutés par le Prince de Monaco ont démontré qu'il existe un plateau sous-marin, situé à une faible profondeur. Ce plateau offre des dépressions qui continuent les ravins actuels et qui sont les lits des anciennes rivières par lesquelles l'eau des hauteurs s'écoulait dans la mer. Pour que ces dépressions aient pu être creusées, il a fallu que le plateau émergeât à une époque. C'est là, sans doute, que les grands herbivores du Pléistocène trouvaient leur nourriture et que, probablement, le Renne a pâturé.

---

(1) Ém. RIVIÈRE, *Op. cit*, p. 265, 266

Je ne saurais omettre de mentionner, parmi les restes d'animaux récoltés dans les couches de l'âge du Renne, une dent de félin, probablement de *Felis spelæa*. Dans les grottes voisines, le Lion des cavernes a été rencontré également à côté du *Cervus tarandus*. D'ailleurs, les ossements recueillis par M. Abbo sont loin d'être tous déterminés et il faut s'attendre à ce qu'on y découvre des débris d'autres mammifères du Pléistocène supérieur ou du Pléistocène moyen.

Foyers. — La couche qui s'est déposée dans la Barma Grande pendant l'âge du Renne n'a pas seulement fourni les débris de nombreux animaux qui servaient à l'alimentation de l'Homme ; elle contenait beaucoup d'autres preuves de l'habitat humain. De distance en distance des foyers ont été rencontrés, qui démontrent que les habitants de cette grotte y allumaient du feu. Ils sont constitués par des cendres, des charbons et parfois des ossements calcinés ; quelquefois aussi ils renferment des outils en pierre, sans doute tombés là accidentellement. Lorsque ces foyers sont intacts, on peut en conclure que le sol n'a pas été remué dans les points qu'ils occupent depuis l'époque où l'Homme a allumé les feux qui leur ont donné naissance. Or c'est ce qu'on observe en plusieurs endroits des assises du Renne.

Parmi les foyers dont on pouvait encore nettement voir les traces au mois de mars 1899, j'en signalerai deux : l'un était situé immédiatement au-dessous des premiers squelettes découverts par M. Abbo, l'autre à 60 centimètres au-dessous du quatrième squelette rencontré par le même chercheur.

Industrie. — Les êtres humains qui avaient établi leur demeure dans la Barma Grande à l'époque où ils avaient encore le Renne à proximité, ont laissé dans le sol de nombreux débris de leur industrie. Ces débris consistent en armes et en outils de pierre, en instruments en os et en quelques objets de parure. Les restes de l'industrie des vieux troglodytes des Baoussé-Roussé sont assez intéressants pour que je consacre un chapitre spécial à leur description.

Restes humains. — Enfin, la couche de l'âge du Renne renfermait des squelettes humains. Ils ont donné lieu à tant de discussions, qu'il faudra m'étendre assez longuement à leur sujet. Je me bornerai donc pour l'instant à signaler l'existence d'ossements humains dans la couche qui surmonte immédiatement l'assise à Éléphant.

VI. — Couches Supérieures.

J'ai exposé plus haut les raisons qui me feront passer presque complètement sous silence

les assises supérieures ; leur étude stratigra-
phique n'a pas été faite. Tout ce que j'en
pourrais dire n'aurait que la valeur d'hy-
pothèses plus ou moins plausibles. Il est bien
probable que les cavernes des Baoussé-Roussé
ont continué à servir de refuge à l'homme
après la fin des temps quaternaires ; mais je
n'ai pu vérifier le fait dans la Barma Grande,
les couches supérieures ayant complètement
disparu lors de mon premier voyage, en 1892.
Néanmoins, certaines observations publiées
par différents auteurs me font croire à l'existence d'une couche néolithique dans les grottes
des Rochers-Rouges. Voici les observations
auxquelles je fais allusion. Beaucoup de fouilleurs, qui n'ont attaqué que la superficie du
dépôt, ont uniquement rencontré des ossements d'animaux encore vivants. M. F. Forel,
le savant archéologue suisse, avait été vivement frappé de l'absence d'espèces quaternaires dans les couches qu'il avait explorées et il
avait cherché à expliquer ce phénomène. « Cela
peut tenir, écrivait-il, à ce que les grottes de
Menton étaient trop éclairées pour avoir servi
de retraite à des animaux qui recherchaient
l'obscurité et qui auraient trouvé dans le voisinage des tanières mieux appropriées à leurs
habitudes. Il est possible aussi que les vestiges
des animaux qui ont précédé le séjour de
l'homme aient été enlevés ou qu'ils se trouvent
ensevelis dans le sol des cavernes à une pro-

fondeur à laquelle nos fouilles ne sont point parvenues (1). »

M. Ernest Chantre, qui fouilla en 1865 la quatrième grotte sur une épaisseur d'un mètre, ne rencontra non plus que des espèces actuelles, savoir : le loup, le renard, le cheval, le sanglier, la chèvre, le cerf, le lapin. Il cite comme douteux le chevreuil et il n'ose pas affirmer qu'un os de bovidé qu'il a recueilli ait appartenu au bœuf primitif.

Mais l'opinion à laquelle j'attache peut-être le plus d'importance est celle de M. Rivière, ce qui pourra surprendre après ce que j'ai dit plus haut. Cet auteur, en effet, tout en déclarant que le dépot des grottes appartient « à une seule et même époque depuis la surface du sol jusqu'au fond — à l'époque quaternaire géologiquement parlant », est bien obligé de reconnaître que les couches supérieures ne renferment aucun débris d'animal ancien. « Ce n'est, dit-il, qu'à un niveau inférieur à celui auquel s'étaient arrêtés les savants qui nous ont précédé dans l'étude des cavernes des Baoussé-Roussé, que nous avons trouvé, mais en petit nombre, les restes de ces grands animaux quaternaires, aujourd'hui complètement disparus ou éteints... » (2). Mais alors pourquoi nier

---

(1) F. FOREL. *Notice sur les instruments en silex et les ossements trouvés en 1858 dans les grottes de Menton.* Menton, 1860.

(1) Ém. RIVIÈRE. *Op. cit.,* p. 88.

l'existence d'une couche récente, d'une couche néolithique? L'industrie autorise-t-elle, tout au moins, à être aussi affirmatif? Je n'hésite pas à répondre négativement.

En effet, les explorateurs des grottes ont remarqué que dans les assises supérieures les instruments en silex sont retouchés avec beaucoup d'habileté. M. Costa de Beauregard, après avoir enlevé une épaisseur d'un mètre et demi de terre à la surface du dépôt qui remplissait la quatrième grotte, se procura de nombreux silex de petites dimensions, mais à retouches assez fines (1). M. Issel, qui a décrit les objets récoltés par MM. le docteur Pérès et Ph. Gény au cours de leurs fouilles dans les cavernes de Menton, cite cinq haches polies, deux pierres à aiguiser, une pierre de fronde et plusieurs objets en terre cuite : une fusaïole « semblable à celles des habitations lacustres de la Suisse », un disque plat, non perforé, deux poids de tisserand et plusieurs disques « grossièrement façonnés et percés d'un trou au milieu, qui n'étaient vraisemblement que des poids de filets » (2). Je sais bien que, d'après les déclarations faites par M. Gény à M. Rivière, trois des

____

(1) COSTA de BEAUREGARD. *Les grottes Saint-Louis, près Menton (Alpes-Maritimes).*

(2) Arthur ISSEL. Résumé des recherches concernant l'ancienneté de l'homme en Ligurie. (*Compte rendu du Congrès international d'Anthropologie et d'Archéologie préhistoriques.* Paris, 1867).

7.

haches dont parle M. Issel proviendraient du château de Nice ; mais les deux autres et les objets en terre cuite, il ne dit pas les avoir trouvés à cet endroit ; il se contente d'affirmer que les terres cuites n'ont pas été trouvées *en sa présence*.

Enfin, M. Rivière a rencontré lui-même des instruments de l'époque néolithique. Je ne reviendrai pas sur la hache polie qu'il a découverte dans la troisième grotte et dont j'ai parlé au commencement de ce chapitre. Je me contenterai de signaler l'instrument « en grès à grains très fins dont l'extrémité la plus large, arrondie, a été fortement usée par le frottement » et qui est représentée à la planche IV, figure 31, ainsi que le fragment de « disque plat en jayet percé au centre » que montre la figure 17 de la planche X. Je pourrais ajouter qu'un grand nombre des objets qu'il a représentés dans son album se rencontrent aussi bien dans les stations de l'époque de la pierre polie que dans les stations quaternaires, et que le « ciseau en silex calcédonieux tranchant par son extrémité la plus large, le bout opposé formant tête » (pl. VI, fig. 18), n'est autre chose que le tranchet, considéré par beaucoup d'archéologues comme caractéristique du début de l'époque néolithique.

De tous ces faits, on est en droit de conclure que, très vraisemblablement, une couche d'au moins 1 m. 50 d'épaisseur s'est déposée au-dessus de l'assise de l'âge du renne après que les temps quaternaires eurent pris fin. Pendant la formation de cette couche, l'homme continuait à fréquenter les cavernes des Rochers-Rouges. Il serait vraiment bien extraordinaire, d'ailleurs, que, depuis l'époque quaternaire, le dépôt eut cessé de s'accroître et que les grottes eussent été abandonnées brusquement dans cette contrée priviligiée, qui n'a pas cessé un instant d'être habitée. Il est bien plus plausible d'admettre que si l'on n'a pas recueilli un grand nombre d'objets typiques dans les couches superficielles, c'est que ces couches, facilement accessibles, ont été remuées avant que le Prince Florestan Ier ou que M. Grand n'aient eu l'idée de les faire fouiller. Lorsqu'on ne parlait pas encore de l'Homme préhistorique, on ne devait guère prêter d'attention à des cailloux simplement taillés : mais une hache polie ou un vase ne pouvaient pas passer inaperçus.

En somme, le simple raisonnement aussi bien que l'examen des faits conduisent à admettre qu'au-dessus de l'assise de l'âge du renne, il a dû se former, depuis le début de notre époque, une couche plus ou moins épaisse dont les fouilleurs ne se sont pas suffisamment occupés. Dans la Barma Grande, les choses se sont évidemment passées comme dans les autres cavernes. Cette grotte constituait une trop belle habitation naturelle pour que les hommes néolithiques l'aient totalement délaissée. Il est même probable que si des fouilles méthodiques y avaient été pratiquées dès le début, elle aurait fourni des renseignements précieux sur la période de transition entre le quaternaire et l'époque de la pierre polie. On sait, en effet, qu'au Mas d'Azil M. Piette a rencontré des *galets coloriés* dans une assise « intercalée entre la dernière couche de l'âge du renne et la première de la période néolithique ». Or, récemment, M. Abbo fils a recueilli un galet colorié dans la Barma Grande. Malheureusement il n'était plus en place ; il a été trouvé à l'entrée même de la grotte, au milieu de matériaux qui provenaient de l'intérieur. Il est donc impossible de dire à quel niveau il gisait ; mais la trouvaille seule est intéressante et méritait d'être signalée en passant.

CHAPITRE II

Les squelettes humains.

I. — Les ossements humains découverts dans
les premières cavernes.

Dans le dépôt qui remplit en partie les grottes des Rochers-Rouges, j'ai signalé la présence de squelettes humains. M. Abbo en a découvert cinq dans la Barma Grande, et la même caverne en avait déjà fourni un à M. Julien. Avant de parler de ces squelettes, il ne me paraît pas sans intérêt de rappeler les trouvailles faites dans les autres grottes, par M. Rivière, d'abord, et récemment par le chanoine L. de Villeneuve.

La première caverne ou *Grotte des Enfants*, a été ainsi nommée parce qu'elle renfermait deux cadavres d'enfants, l'un âgé de 5 à 6 ans, l'autre de 4 ans au moins. Ils ont été rencontrés à 2 m. 70 de profondeur, le 27 janvier 1874 et le 7 juillet 1875. Les deux enfants étaient couchés côte à côte dans un même foyer, allongés dans le sens du grand diamètre de la grotte, avec la tête au sud ; leurs os n'offraient pas de traces de cette coloration rougeâtre que je signalerai plus loin. En revanche, on a recueilli autour des dernières vertèbres lombaires, du bassin et de la partie supérieure du fémur, un grand nombre de petites coquilles marines perforées, appartenant au genre *nassa*, qui ont fait penser à l'auteur de la découverte que ces jeunes sujets devaient porter une sorte de pagne allant de l'ombilic au tiers supérieur des cuisses.

M. Rivière n'avait pas fouillé complètement la Grotte des Enfants ; il n'en avait pas même entièrement exploré les couches superficielles. Aussi, M. le Chanoine de Villeneuve a-t-il pu en extraire encore quatre squelettes humains, d'un intérêt tout particulier. Le premier, dégagé le 10 avril 1901, gisait à 1 m. 90 seulement de profondeur. C'était un squelette de femme, qui reposait sur le dos, avec les membres allongés et la tête tournée vers la gauche. Il était accompagné de deux coquilles perforées, d'os d'animaux, de mâchoires de sanglier et de quelques éclats de silex, le tout placé sur le cadavre lui-même. Autour, on a recueilli une quantité extraordinaire de *Trochus*, mais aucune de ces coquilles n'était perforée, de sorte qu'elles ne constituaient pas des objets de parure. Peut-être avaient-elles été mises à côté du mort pour lui servir de nourriture dans l'autre monde.

Un squelette masculin de grande taille a été rencontré sur un foyer situé à 7 m. 05 de profondeur : Comme le précédent, il était couché sur le dos, avec les membres inférieurs étendus et la tête tournée à gauche ; mais les avant-bras étaient fortement fléchis sur les bras, au point que les mains venaient s'appliquer contre la mandibule. Une grosse pierre avait été placée au-dessus de la tête, sans doute dans le but de la protéger ; mais, en s'affaissant, elle écrasa le crâne. Une plaquette de grès, rougie par le peroxyde de fer, était appliquée comme un nimbe contre l'occiput. Enfin, cinq pierres plantées de champ et couvrant un espace de 80 centimètres se dressaient vers les extrémités inférieures du mort. C'était, en somme, une sorte de tombe rudimentaire qu'on avait construite — Comme parures, ce cadavre n'avait qu'une sorte de pectoral ou un collier composé de petites coquilles perforées (*Nassa neritea*), une couronne faite des mêmes coquilles, et des pendeloques en canines de cerf percées d'un trou vers le sommet de la racine et n'offrant aucun décor.

A 70 centimètres au-dessous du précédent, gisaient, sur un même foyer, deux autres squelettes, l'un de vieille femme, le second d'un adolescent masculin de 15 à 17 ans. Leur posture était des plus bizarres. Le jeune homme reposait légèrement sur le côté droit. Le bras gauche était étendu le long du thorax et l'avant-bras se dirigeait vers l'axe médian du corps, de sorte que la main dépassait cet axe et que les phalanges ont été recueillies sur l'os iliaque droit. Le membre supérieur droit était allongé, un peu écarté du corps et passait au-dessous du squelette voisin. Les fémurs étaient légèrement fléchis et les jambes étaient complètement ramenées sous les cuisses, au point que les talons touchaient presque les ischions.

La vieille était couchée à plat ventre, avec la face dirigée verticalement en bas. Les cuisses avaient été si fortement fléchies que les genoux se trouvaient au niveau des articulations des épaules. Les jambes étaient aussi fortement fléchies sous les cuisses, de telle sorte que les pieds revenaient vers le bassin. Les avant-bras se repliaient en haut et les mains arrivaient à hauteur du menton.

Le foyer sur lequel reposaient les cadavres avait été un peu creusé pour recevoir les têtes. Celle de la vieille femme avait été protégée par une petite ciste formée de deux pierres verticales et d'une dalle placée horizontalement sur les deux autres. Le caisson avait été rempli de peroxyde de fer.

Comme ornements, le jeune homme ne portait que quatre rangées de nasses perforées sur la tête. Quant à la femme, elle possédait deux bracelets, l'un au-dessus du coude, l'autre au poignet, chacun d'eux comprenant deux rangs des mêmes coquilles percées. De petits galets de serpentine ont été recueillis entre les têtes des deux sujets, sur le front et contre la voûte palatine de la vieille femme.

Les observations faites dans la Grotte des Enfants par le chanoine de Villeneuve sont très intéressantes à notre point de vue, car elles démontrent que, dès le Quaternaire moyen, l'Homme donnait la sépulture à ses morts et qu'il cherchait à en préserver les restes. Elles viennent confirmer celles que j'avais faites, dès 1892, dans la Barma Grande. Gabriel de Mortillet, qui était convaincu que nos ancêtres quaternaires abandonnaient au hasard les cadavres de leurs proches, s'était basé sur mes constatations pour rajeunir les squelettes découverts par M. Abbo. Les arguments dont s'était servi le regretté savant n'ont plus aujourd'hui la valeur qu'on pouvait leur attacher.

La *deuxième* et la *troisième caverne* ne contenaient aucun ossement humain.

La quatrième caverne, ou *Grotte de Cavillon*, renfermait un squelette d'homme adulte qui a été mis à jour le 26 mars 1872 (1). Il était cou-

---

(1) Ce squelette est exposé dans les galeries d'anthropologie du Muséum d'histoire naturelle de Paris. Le *Guide de Menton et ses environs* (13ᵉ édition), 1893) dit à tort, en parlant de la Barma-Grande : « Elle était beaucoup moins réduite en 1869, époque où M. Rivière y découvrit le squelette humain qui fut, par ses soins, transporté au Muséum d'histoire naturelle de Paris et dont l'origine remonterait à l'époque paléolithique » (p. 50). Ce passage contient une double erreur : 1° c'est dans la quatrième grotte et non pas dans la cinquième qu'a été trouvé le squelette du Muséum de Paris ; 2° la découverte a eu lieu en 1872 et non pas en 1869.

ché à 6 m. 55 de profondeur, sur le côté gauche, dans le sens de la longueur de la grotte. La tête, dirigée vers le nord, c'est-à-dire vers le fond de la caverne, était un peu plus élevée que le reste du corps. La main gauche était ramenée sous la mâchoire inférieure. La base du crâne et la région postérieure du tronc étaient appuyées contre de grosses pierres brutes.

À 6 centimètres environ en avant de la bouche, un sillon de 18 centimètres de longueur sur 4 de largeur et 35 millimètres de profondeur avait été creusé dans le sol et était rempli de fer oligiste. La même substance se voyait sur tout le squelette, auquel elle a communiqué une teinte rougeâtre des plus prononcées.

L'homme avait été inhumé avec ses parures et différents objets usuels. Sur la tête, il devait porter une sorte de résille dans les mailles de laquelle étaient enfilées de nombreuses coquilles appartenant toutes à l'espèce *Nassa neritea*; vingt-deux canines perforées de cerf ont été recueillies au niveau des tempes. Sur le front, s'étalait en travers un poinçon fait d'un radius de cerf; à l'occiput étaient accolées deux lames de silex. Enfin, au niveau du jarret gauche, on a découvert 41 coquilles perforées (*Nassa neritea*), qui avaient sans doute constitué un ornement analogue à ces sortes de jarretières en poils ou en peau que portent certains chefs océaniens.

La sixième grotte, appelée *Baousso da Torre* ou *Caverna della Giappa del Ponte*, a fourni deux squelettes d'adultes et un squelette d'enfant découverts en 1873. Le premier adulte gisait à 3 m. 75 de profondeur, le deuxième à 3 m. 90 et l'enfant à un niveau intermédiaire entre les deux précédents. Voici dans quelles conditions se sont présentés ces cadavres lors de leur découverte.

L'homme, rencontré tout d'abord, était étendu sur le dos, dans le sens de la longueur de la grotte, avec la tête tournée vers l'entrée. Le crâne était placé un peu plus haut que le reste du corps, le genou gauche plus haut que le bassin. D'après M. Rivière, il paraissait avoir été déposé sur le sol, sans que la terre eût été creusée pour le recevoir. Une belle lame de silex se trouvait sous l'omoplate gauche. Trois coquilles marines perforées (*Cypræa pyrum* et *Nassa neritea*), recueillies au-dessous de la clavicule, avaient dû faire partie d'un collier. Des restes de bracelets (coquilles perforées et canine de cerf percée) ont été récoltés vers les extrémités inférieures des humérus et au niveau du poignet droit. Enfin, des coquilles trouées, découvertes près des condyles des fémurs, démontrent que l'individu devait porter au-dessus des genoux un ornement comparable à celui qu'il portait au-dessus des coudes. Dans la terre ramassée sous le cou et le thorax, M. Gérardin aurait vu au microscope des poils provenant d'une peau de bête, qui aurait servi de vêtement.

Le deuxième squelette de la sixième grotte, étendu également dans le sens de la longueur de la caverne, avec la tête vers l'entrée, avait les os fortement colorés en rouge (comme le précédent) par du peroxyde de fer. Il reposait sur le côté gauche, la tête située à 23 centimètres au-dessus des pieds ; ses mains étaient crispées, les dernières phalanges ramenées vers la paume. Les nombreuses coquilles perforées, les canines de cerf percées rencontrées à la hauteur de la tête, des vertèbres cervicales, des coudes et du poignet gauche, dénotent que ce sujet était porteur d'une résille, d'un collier et de bracelets. Il avait, en outre, près de l'extrémité supérieure de chaque fémur, une coquille trouée (cyprée).

Le jeune sujet, d'environ 15 ans, avait été couché sur le ventre, parallèlement au deuxième squelette, mais avec la tête tournée vers le fond de la grotte. Ses os ne sont pas colorés en rouge et on n'a recueilli dans le voisinage ni arme, ni objet de parure, ni reste de pagne.

II. — Les squelettes de la Barma-Grande.

A. — *Les premières découvertes.*

M. Rivière n'avait «rencontré dans la Barma-Grande d'autres ossements humains qu'une portion de mâchoire inférieure du côté droit avec deux dents, la deuxième prémolaire et la première grosse molaire, nullement usées, mais aux tubercules parfaitement saillants, jeunes par conséquent.... » (1). Il ne donne d'ailleurs aucun renseignement sur le gisement de ce fragment de mâchoire.

Au mois de février 1884, M. Louis Julien découvrit dans la grotte un squelette humain, dont le crâne est aujourd'hui conservé au Musée de Menton. Nous avons sur le gisement de ce squelette, quelques renseignements qui ne sont pas dépourvus d'intérêt. Le cadavre était couché sur le dos, le long de la paroi gauche de la caverne, à 8 m. 40 de profondeur. Il était dirigé du nord au sud, c'est-à-dire suivant le grand axe de la grotte. «Il était accompagné de trois grands éclats de silex, l'un sur le sommet de la tête, les autres sur les épaules, comme des épaulettes » (2). La tête était recouverte « d'une épaisse calotte d'ocre rouge». A côté de lui, on recueillit quelques mauvais rognons de silex, des éclats informes de la même roche, des dents de bœuf, de cerf et de chèvre. Notons en passant que le squelette était accompagné, non plus de petits instruments en pierre, comme ceux qu'on avait rencontrés à un niveau supérieur, mais bien de trois grands éclats de silex. M. Rivière avait déjà observé quelque chose

___

(1) Em. RIVIÈRE. *Op. cit.*, p. 195.

(2) Cf. *L'Homme*, 1884, p. 186 (Lettre de M. Wilson, consul des États-Unis à Nice.)

d'analogue, et le même fait s'est produit dans les trouvailles de M. Abbo.

Ce dernier rencontra de nouveau un squelette humain le 7 février 1892. J'ai dit dans quelles conditions avait eu lieu cette découverte. On procédait à l'extraction des terres qui remplissaient la caverne, non pas dans le but d'y faire des recherches archéologiques, mais uniquement pour les utiliser à la culture. Or, le dimanche 7 février, un des fils du propriétaire, en s'amusant à creuser le sol à l'aide d'une pioche, rencontra une tête humaine. Le père, aussitôt informé, comprit l'intérêt de la trouvaille et il fit établir à l'entrée de la grotte une barrière en planches.

J'ai raconté dans *L'Anthropologie* (1) comment j'ai appris la découverte. M. Émile Delerot, conservateur honoraire de la Bibliothèque de Versailles, se trouvait en villégiature à quelques pas des Baoussé-Roussé, et, dès qu'il sut la nouvelle, il s'empressa de la porter à la connaissance de M. Alexandre Bertrand, de l'Institut, qui en avisa son collègue, M. Hamy. Celui-ci, après entente avec le Ministère de l'Instruction publique, me demanda de me mettre immédiatement en route, ce que je fis. M. Delerot avait suivi avec grand intérêt les progrès de la fouille : pendant mon séjour aux Rochers-Rou-

____

(1) R. VERNEAU. Nouvelle découverte de squelettes préhistoriques aux Baoussé-Roussé, près de Menton. (*L'Anthropologie* t. III, 1892, p. 512-540).

ges, il assista chaque jour à mes recherches. Si je rappelle ces faits, c'est uniquement pour constater que mes observations ont été faites en présence de témoins qui ont pu vérifier immédiatement tout ce que je notais.

Le 22 février, lors de mon arrivée à Menton, quinze jours s'étaient écoulés depuis la découverte du premier squelette. Un second, puis un troisième avaient été mis à jour, mais, malheureusement, plus d'un curieux pénétrait dans la grotte, malgré la barrière, et marchait sur les ossements.

Les premières observations faites par M. Abbo m'ont été confirmées par M. Delerot ; j'ai pu moi-même les vérifier en partie. Au-dessus des cadavres se trouvait une mince couche de terre rouge, bien différente de celle qui remplissait le reste de la caverne. Cette terre rouge, la même que M. Julien avait vu former une calotte sur la tête du sujet qu'il avait découvert en 1884, renferme une grande quantité de peroxyde de fer et elle a communiqué aux ossements une forte coloration qu'on a pu voir dès qu'on eut enlevé la petite couche qui les recouvrait.

A mon arrivée, les squelettes, à peine dégagés, étaient encore empâtés dans cette terre ferrugineuse. Il m'a été facile de constater qu'il en existait en dessous une légère épaisseur. Quelques sondages pratiqués à côté des sujets m'ont prouvé que partout ailleurs le terrain était d'une nature différente. Le sol avait été pioché en avant ; mais en arrière il dépassait encore les squelettes en hauteur. Or, en examinant avec soin le dépôt de ce côté, il ne m'a pas été difficile de constater qu'il avait été coupé verticalement, en ligne droite, dans une étendue qui dépassait un peu la longueur des cadavres. Une fosse, dont la paroi postérieure était bien visible, avait été creusée dans le terrain de remplissage. Au fond, on avait déposé un lit de cette terre ferrugineuse qu'on était allé chercher à quelque distance et dont la couleur avait dès l'abord appelé l'attention, puis, les cadavres avaient été couchés sur ce lit et recouverts de la même terre. Le fond de la fosse se trouvait à 8 mètres environ du niveau qu'atteignait anciennement le dépôt, car M. Abbo avait déjà enlevé 6 mètres de terre et il lui fallut creuser encore à 2 mètres de profondeur pour rencontrer les squelettes. Les sujets qu'il avait mis au jour gisaient donc à peu près au même niveau que celui découvert par M. Julien en 1884 (8 m. 40). Ils reposaient à une plus grande profondeur que tous ceux précédemment trouvés dans les autres grottes par M. Rivière.

Les nouveaux cadavres étaient couchés parallèlement, en travers de la grotte ; la tête, placée dans la direction de l'est, arrivait à une très faible distance de la paroi droite. Le premier n'était guère situé qu'à un mètre de

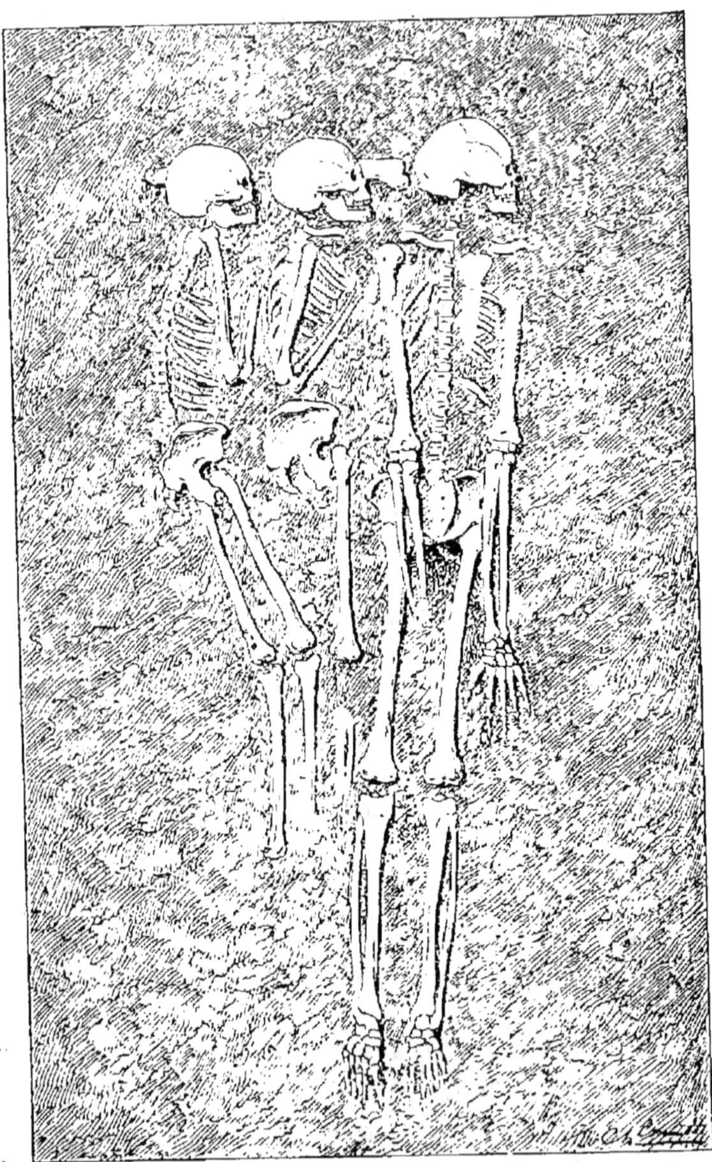

FIG. 6. - Position des squelettes trouvés en 1892 par M. Abbo.

l'entrée actuelle de la Barma-Grande ; mais la caverne ayant été considérablement réduite dans ses dimensions longitudinales par l'exploitation, la sépulture devait en occuper primitivement à peu près le milieu.

Les trois sujets n'offraient pas la même attitude (fig. 6). Le sujet le plus rapproché de l'entrée appartenait au sexe masculin ; il était allongé sur le dos, mais la partie supérieure se recourbait de telle façon que la tête reposait sur le côté gauche. Le bras gauche était étendu le long du corps, et le droit légèrement ramené entre les cuisses.

Le sujet du milieu était une femme adulte, mais encore jeune, car si les épiphyses des os longs étaient soudées aux diaphyses et si les incisives médianes supérieures et inférieures présentaient quelques traces d'usure, les dents de sagesse étaient encore dans leurs alvéoles. Cette femme était tout à fait couchée sur le côté gauche, les jambes étendues et les avant-bras fortement fléchis, de sorte que les mains se trouvaient au niveau du menton.

Le squelette le plus éloigné de l'entrée ne présente pas de caractères sexuels bien accusés. Cela tient évidemment à son âge, car à en juger par ses os longs, dont les têtes ne sont pas soudées au corps, et par ses dents de sagesse, encore complètement logées dans les alvéoles, on peut affirmer qu'il était jeune : en lui attribuant une quinzaine d'années, on doit être bien près de la vérité. Toutefois, si on tient compte de la taille qui, chez cet individu de 15 ans environ, atteignit déjà 1 m. 65, il faut le regarder comme appartenant au sexe masculin. Ce jeune sujet était, comme la femme, tout à fait couché sur le côté gauche ; ses avant-bras étaient également fléchis au point de ramener les mains sous le menton ; ses cuisses et ses jambes se montraient dans une légère flexion.

Les trois cadavres avaient été inhumés dans la fosse avec leurs objets de parure et quelques instruments.

Sur la tête de l'homme on a trouvé des canines de cerf perforées et ornées de stries sur la couronne (fig. 13 et 15), des vertèbres de poisson et des coquilles également percées d'un trou. Les vertèbres proviennent d'une espèce ayant à peu près la taille de la truite ; les coquilles appartiennent toute à l'espèce *Nassa neritea*. Au cou, le même sujet portait un collier composé de quatorze canines de cerf, de quelques vertèbres semblables aux précédentes et de jolies pendeloques en ivoire décorées de stries (fig. 7 à 11). Des pendeloques identiques ont été recueillies sur le front et au niveau du thorax, à côté de vertèbres de poisson perforées suivant leur axe et de plus grandes dimensions que celles qui existaient sur la tête et au cou ; elles proviennent d'un saumon (fig. 12). Toujours à la hauteur de la poitrine,

on a découvert, après mon départ, un objet de
parure bizarre, qu'on avait cru avoir été taillé

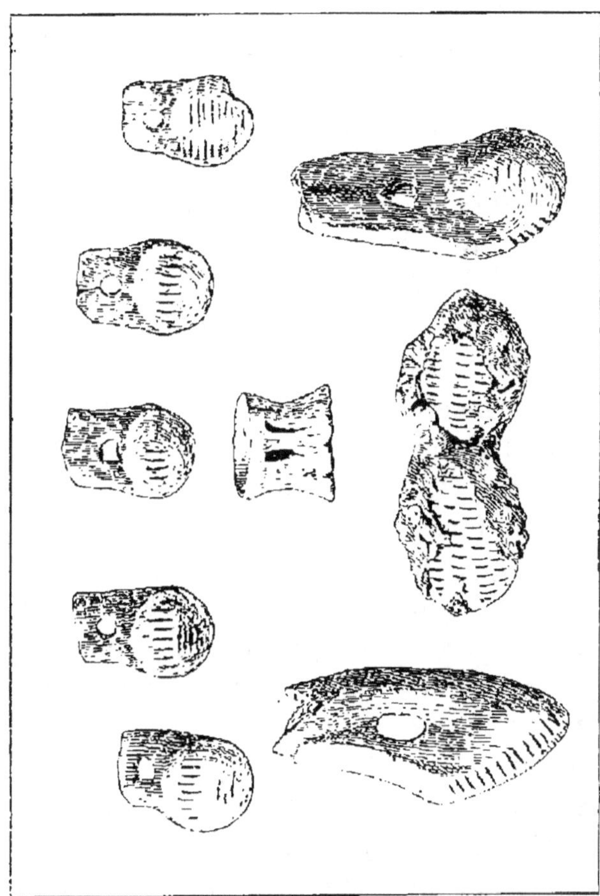

Fig. 7 à 15. — Objets de parure de la Barma-Grande.
(Pendeloques en ivoire, décorées de stries ; vertèbre de saumon perforée ; canines de cerf perforées et ornées de stries ; pendeloque en forme de double olive).

dans un bois de cerf, mais qui semble plutôt
un morceau d'os ou d'ivoire sculpté (1). Il peut

---

(1) Nous avons voulu faire exécuter une préparation micros-
copique qui nous aurait permis de reconnaître s'il s'agit d'os
ou d'ivoire ; mais la pièce est si friable que le petit fragment enlevé est tombé en poussière.

exactement être comparé à deux olives réunies
bout à bout (fig. 14). Au point où elles sont
accolées, il existe un étranglement qui permettait de suspendre l'objet sans qu'il fût nécessaire d'y percer un trou. Tout le pourtour
de cette curieuse pendeloque est orné de petites
stries disposées en rangées parallèles. De chaque côté du tibia gauche, notre homme portait
une grosse coquille trouée du genre *Cypræa* ;
l'une et l'autre ont été rencontrées un peu au-
dessous du genou et devaient être enfilées dans
une cordelette. Enfin, M. Abbo avait trouvé
avant mon arrivée, au niveau de la main gauche du sujet, une fort belle lame de silex,
plane d'un côté, retouchée de l'autre, qui mesure 23 centimètres de longueur sur 48 millimètres de largeur maxima (fig. 17) ; les retouches sont surtout nombreuses vers l'extrémité
la plus grosse. Dans mon premier mémoire, je
me suis exprimé ainsi à ce sujet : L'authenticité de cette pièce a été contestée, ou plutôt on
a prétendu que M. Abbo la possédait avant la
nouvelle découverte de squelettes humains.
Cette assertion est formellement démentie par
l'intéressé et par les personnes qui ont assisté
à l'extraction de la lame. D'ailleurs, je suis
tout disposé à ajouter foi aux dires du maître
carrier, car cette lame rappelle entièrement
celle que j'ai vu moi-même en place sous la
tête du jeune sujet et que j'ai dégagée de mes
propres mains, après avoir retiré les fragments

du crâne. En outre, une autre lame de 26 centimètres de longueur et de 5 centimètres et

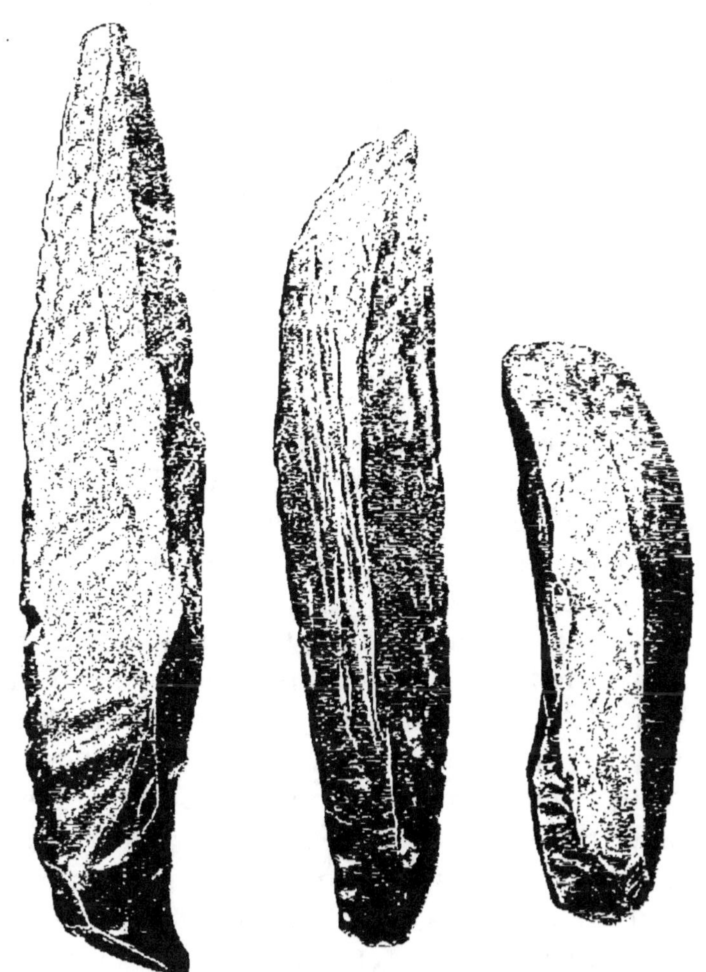

FIG. 16 à 18. — Grandes lames de silex.

demi de largeur (fig. 16) a été rencontrée dans la main gauche du second squelette, c'est-à-dire exactement à la place indiquée pour la première lame par M. Abbo, qui ne pouvait prévoir qu'il en trouverait une autre au niveau de la main gauche de la femme. »

C'est M. Rivière qui avait insinué que la lame en question aurait été vue, vers 1885, c'est-à-dire sept ans avant la découverte des squelettes, entre les mains de M. Abbo par M. Saige, archiviste de la principauté de Monaco. J'avais sans doute raison de faire des réserves, car, en 1889, M. le chanoine de Villeneuve m'affirma que M. Saige ne se souvenait nullement d'avoir fait une semblable déclaration et ce dernier m'a confirmé depuis ce qu'il avait dit à M. L. de Villeneuve. On peut donc tenir la lame trouvée au niveau de la main gauche de l'homme pour aussi authentique que celle qui a été découverte en ma présence.

Le sujet féminin avait la tête appuyée sur un fémur de bœuf dont le tiers inférieur environ débordait en avant de la région frontale. Ses parures, analogues à celles de l'homme, étaient moins nombreuses. Au niveau de son crâne, on a recueilli des nasses et des vertèbres de poisson perforées, ainsi qu'une pendeloque en os, qui n'a été découverte que plus tard. Elle ne portait pas de collier en dents de cerf, mais elle avait sur la poitrine la pendeloque en forme de double olive. Cette pendeloque mesure 55 millimètres de longueur sur 18 millimètres de largeur maxima. Dans la main gauche, la femme tenait la grande lame que je viens de mentionner.

La tête du troisième cadavre reposait, comme je l'ai dit, sur une belle lame de silex mesurant 17 centimètres de longueur sur 48 millimètres de largeur dans sa partie la plus dilatée (fig. 18). La partie la plus volumineuse de cette lame, qui débordait en arrière de l'occiput, est assez soigneusement retouchée en forme de grattoir.

En dégageant les fragments de la tête de ce sujet et en y apportant de grands soins, j'ai pu me rendre un compte très exact de l'arrangement des objets de parure qu'il portait sur la tête et au cou. Sur le front, il avait, comme l'homme, plusieurs de ces pendeloques que représente la figure 8. Le crâne était recouvert de vertèbres de truite et de nasses perforées. Un joli collier passait un peu au-dessous de l'angle droit de la mâchoire inférieure, mais, en bas, il avait glissé et les éléments dont il se composait gisaient sous le temporal gauche. Les différentes pièces de ce collier étaient maintenues dans la position qu'elles avaient dû occuper primitivement par la terre, qui leur formait une sorte de chape. Elles comprenaient des vertèbres de poisson, des nasses et des canines de cerf, chaque pièce ayant naturellement été perforée. Les vertèbres étaient disposées en deux rangées contigües, et, au-dessous, se voyait une rangée de *nassa neritea*. De distance en distance, les trois ran-

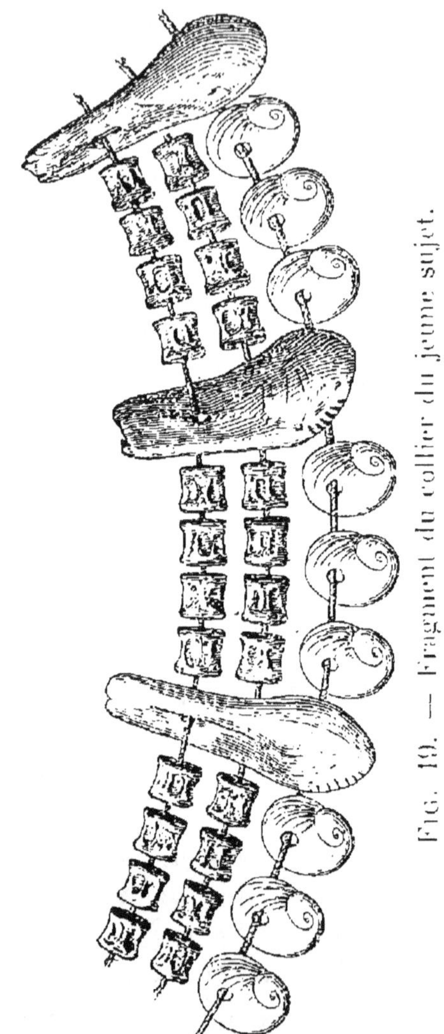

FIG. 19. — Fragment du collier du jeune sujet.

gées étaient interrompues par une dent de cerf décorée de stries. La figure 19 montre avec quelle symétrie tout cela était disposé : en haut, une première série de quatre vertèbres ; au milieu, une deuxième série de vertèbres, également au nombre de quatre ; en bas, trois nases. Puis une canine de cerf venait couper les trois rangées, et la même disposition se reproduisait, avec le même nombre de vertèbres et de coquilles. Cette parure devait évidemment avoir un certain cachet décoratif.

L'adolescent possédait, lui aussi, son ornement en forme de double olive ; on l'a trouvé, après mon départ, au niveau de sa main gauche. C'est cet ornement que représente la figure 15. Comme on peut le voir, il est encore en partie enchâssé dans une gangue très dure qui contient en outre un certain nombre de petites vertèbres de poisson.

Plusieurs objets de parure ont été trouvés entre les squelettes, sans qu'il soit possible d'affirmer qu'ils aient appartenu à l'un plutôt qu'à l'autre. Entre le sujet masculin et le sujet féminin, on a recueilli deux porcelaines (*cyprœa*) perforées, dont l'une était située à peu près au niveau du genou droit de l'homme. Nous venons de voir que celui-ci possédait deux de ces coquilles au-dessous du genou gauche ; il se pourrait donc fort bien que les deux découvertes plus tard lui aient appartenu et aient formé le pendant des premières. Près de la femme, entre son crâne et celui du jeune sujet, gisait une coquille percée (*purpura* ?) qui avait probablement fait partie de la parure de la première.

En somme, la sépulture découverte par M. Abbo en 1892 rappelle entièrement celles que M. Rivière avaient trouvées dans d'autres grottes. Les cadavres avaient été inhumés dans la même couche de terre ferrugineuse ; les lames de silex recueillies à côté des squelettes se ressemblent, mais les dernières sont de dimensions plus considérables que celles de M. Rivière ; les objets de parure sont presque identiques, quoique ceux de la Barma-Grande soient en général plus soignés. Par suite, on est déjà en droit de supposer que, malgré la différence de niveau, toutes ces sépultures se rattachent à la même époque. Nous verrons que d'autres raisons viennent à l'appui de cette manière de voir.

B.   *Les dernières découvertes.*

Le 12 janvier 1894, M. Abbo, qui avait commencé à déblayer le fond de la Grande-Grotte, mit au jour un nouveau squelette humain. Ce nouveau cadavre gisait à 6 m. 50 en arrière des premiers, et à 1 m. 60 au-dessus. Au lieu d'être dirigé en travers de la grotte, il était couché dans le sens de la longueur, avec la tête au sud. Le sujet tout entier reposait un peu sur

Fig. 20. — Squelette trouvé le 12 janvier 1894
par M. Abbo.

le côté gauche (fig. 20), le bras de ce côté appli-
qué le long du corps et l'avant-bras fléchi sur
le bras de telle sorte que la main se trouvait
sous la mâchoire ; le bras droit est légèrement
écarté du thorax, avec l'avant-bras et la main
ramenés presque à angle droit sur la poitrine.
Les fémurs se rapprochent un peu l'un de l'autre à leur partie inférieure, et les jambes sont
croisées de telle façon que le tibia et le péroné
droits passent en avant de la jambe gauche.

Les cadavres découverts en 1892 avaient été
enfouis au milieu de la couche de terre ferrugineuse apportée du dehors, sans qu'on eût
songé à les préserver autrement. Le squelette
mis au jour deux ans plus tard était, au contraire, abrité par trois grandes pierres plates,
qui le recouvraient en partie. L'une d'elles
était placée au-dessus des jambes ; la seconde
s'étendait au dessus des cuisses et de la partie
inférieure du tronc ; la troisième recouvrait
la partie supérieure du tronc et la tête. Les
deux premières reposaient directement sur le
sol ; la dernière, de forme irrégulièrement
triangulaire et mesurant 0 m. 70 dans un sens
sur 0 m. 66 dans l'autre, s'appuyait sur trois
autres blocs de 0 m. 25 à 0 m. 35 de diamètre.
Les dalles et les blocs qui supportaient la
pierre placée au-dessus de la tête sont en calcaire ; la dalle antérieure est recouverte d'une
légère stalagmite.

Il s'agit bien d'un rudiment de tombe. Si le

fait a paru surprenant et a pu servir d'argument à ceux qui ont voulu rajeunir les sépultures, il ne saurait étonner à l'heure actuelle.
Les découvertes de M. le chanoine de Villeneuve dans la Grotte des Enfants ont prouvé,
en effet, que les mêmes pratiques ont été em-
ployées dans cette grotte, et là nous nous
trouvons en présence d'ébauches de tombes
qui remontent, sans aucun doute, au Quaternaire moyen.

Malgré l'existence d'une sorte de couverture
au-dessus du cadavre, la sépulture paraît encore être de la même époque que les autres.
Nous verrons que les caractères physiques des
sujets sont identiques ; les mobiliers funéraires
se ressemblent exactement. C'est ainsi que notre homme (car il s'agit d'un sujet masculin)
portait sur le front des nasses perforées, qu'il
avait à gauche de la tête deux canines de cerf
percées, qu'il possédait trois de ces petites
pendeloques dont la figure 8 donne une bonne
idée et qu'il avait également son collier de coquilles. Plusieurs nasses, en effet, adhéraient
encore à la sixième vertèbre cervicale lors du
voyage que je fis aux Baoussé-Roussé en mars
1899, et on en voyait d'autres sur un fragment
de conglomérat situé à gauche, à la hauteur
du cou. Enfin, auprès de la main gauche, on a
trouvé, non pas une grande lame de silex, mais
un morceau assez volumineux de gypse.

Quelque temps après la découverte du squelette dont il vient d'être question, M. Abbo en rencontrait un cinquième, placé encore plus près du fond de la caverne ; il était séparé des pieds du précédent par un intervalle de 80 centimètres environ et gisait au même niveau. Ce squelette, entièrement carbonisé, était assez incomplet. Cependant il a été possible de voir qu'il avait les cuisses fléchies légèrement sur le bassin et les jambes tellement ramenées sous les cuisses que les talons arrivaient à toucher les ischions. Les ossements étant à leur place normale, il faut en conclure que le cadavre a été incinéré en cet endroit même. D'ailleurs on apercevait en-dessous les traces d'un vaste foyer qui descendait à plus de 60 centimètres de profondeur. Nous verrons que, par ses caractères physiques, l'homme incinéré se rattache encore au même type que les autres. Comme eux, il portait ses ornements en *nassa neritea*, dont M. Abbo a recueilli des spécimens auprès de lui. Par suite, on peut admettre qu'ils sont tous contemporains.

CHAPITRE III

Industrie.

L'homme ayant fréquenté les cavernes des Baoussé-Roussé depuis le commencement de l'époque quaternaire jusqu'à la période néolithique inclusivement, il est tout naturel qu'il y ait laissé de nombreux spécimens de son industrie. Mais, pendant ce long habitat, l'industrie de nos ancêtres s'est sensiblement modifiée, leur outillage s'est transformé peu à peu, et, par suite, les instruments de la superficie ne doivent plus être identiques à ceux qui gisent au fond. Aussi, pour étudier fructueusement les objets recueillis dans les grottes, est-il nécessaire de les diviser par couches ; c'est ce qu'ont omis de faire les auteurs qui ont publié des travaux sur les fouilles qu'ils ont exécutées, ce qui ne me permettra guère de puiser dans leurs publications. Néanmoins, il me sera parfois possible de glaner quelques renseignements que je mettrai à profit.

Les recherches de M. Abbo dans la Barma-Grande comblent jusqu'à un certain point cette lacune. Il est certain, comme je l'ai dit, que l'étude des couches supérieures a été complètement négligée. Il est non moins indiscutable que le chercheur n'était pas préparé à faire des fouilles méthodiques. Toutefois les observations qu'il a faites, et que j'ai contrôlées en grande partie, ont une réelle valeur. Ses connaissances archéologiques étaient loin d'être alors assez étendues pour lui permettre de faire une sélection dans les faits, de rejeter ceux qui ne lui auraient pas convenu et d'attribuer de mauvaise foi à une couche des objets qui auraient été rencontrés à un autre niveau. Aussi, après avoir constaté que les renseignements qu'il me fournissait sur ses récoltes concordaient parfaitement avec ce que nous ont appris les recherches exécutées par une foule de savants depuis plus d'un demi-siècle, ai-je eu pleine confiance dans ses dires. Et il est un fait qui augmente ma confiance : à maintes reprises il n'a pas hésité à me faire part de ses doutes sur le gisement de tel ou tel objet. S'il n'eût pas été de bonne foi, il n'est pas douteux qu'il eût agi d'une façon toute différente, car il aurait cherché, en m'indiquant un niveau quelconque, à donner de la valeur à une pièce que je lui déclarais presque dénuée d'intérêt du moment qu'il ne pouvait m'indiquer la place où il l'avait rencontrée.

Le lecteur me pardonnera cette petite digression, que je ne crois pas inutile. On a essayé, en effet, de jeter le discrédit sur les fouilles de M. Abbo, et il était bon de montrer que les accusations qui ont été lancées contre lui ne peuvent guère se soutenir. J'ai déjà fait justice (p. 93) de celle qui s'applique à la lame de silex trouvée auprès de la main gauche du premier sujet, et, si je voulais me lancer dans une discussion, il me serait facile d'établir que les autres ne sont pas plus fondées.

J'aborde maintenant l'examen des objets recueillis dans chacune des couches, en commençant par la couche inférieure.

I. — Couche de l'Éléphant antique.

Je rappellerai d'abord que cette couche n'a encore été fouillée que sur une faible étendue. Néanmoins, elle a déjà fourni quelques pièces d'un aspect archaïque très prononcé et qui, malgré l'imperfection du travail, dénotent très nettement que l'homme fréquentait la Barma-Grande à l'époque où se formait cette assise.

Ce qui frappe, dès qu'on examine les objets rencontrés dans cette couche, c'est l'abondance des instruments en grès, quartzite ou calcaire siliceux. On pourrait être tenté de mettre sur le compte de ces roches, qui se travaillent fort mal comme on le sait, la grossièreté des instruments ; mais les outils en silex ne se montrent guère plus soignés.

Parmi les *outils en grès* je signalerai un *racloir* de 7 centimètres sur 4, de forme presque rectangulaire, assez mal retaillé sur son bord le plus long. Il appartient à un type d'outil qu'on a rencontré assez fréquemment au Moustier et même à Chelles. Des *lames* ne dépassant guère 7 centimètres de longueur, des *pointes* du type dit du Moustier sont, avec le

FIG. 21. — Pointe du type du Moustier.

racloir, les instruments en grès ou en quartzite qui ont été recueillis dans l'assise de l'*éléphant*.

Ces outils n'offrent, comme traces de travail intentionnel, en dehors du plan de frappe et du bulbe de percussion qui sont toujours très nets, que quelques éclats enlevés sur la face opposée au buble. Une pointe, cependant, a été grossièrement retouchée sur cette face; elle mesure 63 millimètres de longueur sur 33 de largeur et 16 d'épaisseur. Sa grande épaisseur l'empêchait d'être bien pénétrante et il semble qu'on ait cherché à l'amincir. Plusieurs coups ont été donnés vers le plan de frappe, mais les éclats ne se détachant que sur une petite étendue à cause de la mauvaise qualité de la roche, l'ouvrier s'est décidé à n'en amincir que les bords, qui offrent un certain nombre de retouches grossières.

Les *instruments en silex* rencontrés jusqu'à ce jour consistent uniquement en *racloirs*, en *lames* et en *pointes* (fig. 21) offrant les mêmes types et le même travail grossier que ceux en grès. Je donne ici la figure d'un des racloirs (fig. 22). En dehors des grandes lames recueillies dans les sépultures de la couche du Renne, dont il a été question plus haut, c'est une des pièces les plus volumineuses qui aient été rencontrées ; en effet, sa longueur dépasse 11 centimètres et sa largeur maxima atteint 5 centimètres ; son épaisseur est, en certains points, de 27 millimètres. Des éclats ont été principalement enlevés sur le bord convexe ; l'autre côté de la pièce, s'adaptant parfaitement à la main, n'a pas été retaillé. J'ai figuré dans mon livre sur l'*Enfance de l'Humanité* un racloir trouvé dans la ballastière de Chelles qui ressemble singulièrement à celui qu'a découvert M. Abbo dans la couche la plus inférieure qu'il ait explorée.

Au nombre des outils en silex qui m'ont été donnés comme provenant de l'assise de l'éléphant, se trouve un petit *grattoir* court, en jaspe rougeâtre, qui montre sur tout son pourtour une série de petites retouches fort remarquables (fig. 23). Il ressemble tellement à cer-

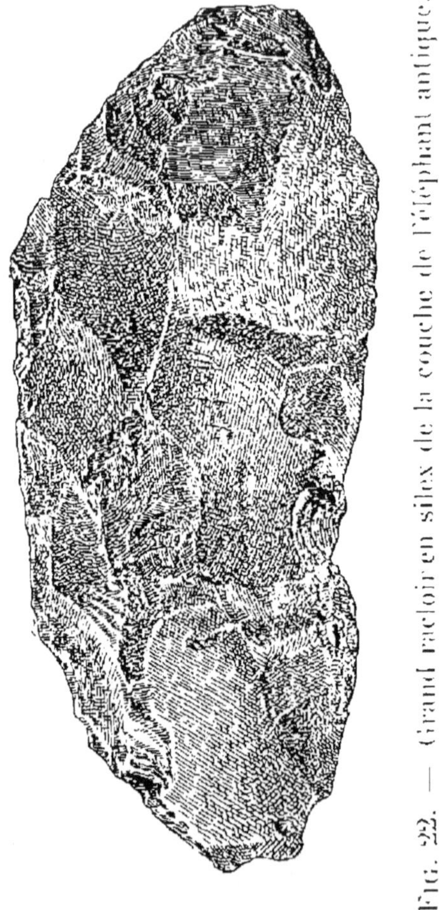

Fig. 22. — Grand racloir en silex de la couche de l'éléphant antique.

taines pièces de l'époque de la Madeleine, que je suis porté à croire qu'il a glissé des couches situées au-dessus de celle dans laquelle il a été recueilli.

10.

Mon savant ami, M. Émile Cartailhac, qui a rencontré la même industrie moustérienne grossière parmi les instruments en pierre provenant de la Grotte du Prince, pense que la grossièreté des armes et des outils tient surtout à la mauvaise qualité des roches. « En examinant, dit-il, la série des pointes et des racloirs

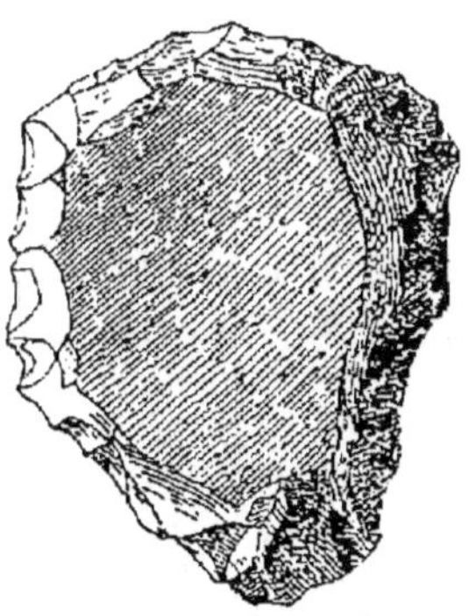

FIG. 23 — Grattoir en jaspe du type magdalénien.

de la Grotte du Prince, on ne peut nier que les fabricants aient tiré d'une matière ingrate tout le parti possible. Dès qu'il peuvent mettre la main sur un bon silex, ils obtiennent des pièces bien meilleures, plus fines, incomparablement, et parfois même élégantes. *Ces jolies pointes sont rares*, mais peu importantes, elles nous ouvrent l'horizon » (1). S'il existe quelques pièces

---

(1) ÉMILE CARTAILHAC, *La moustérien et le pré-solutréen ou aurignacien des Grottes de Grimaldi* (Compte-rendu du XIIIe Congrès internal. d'Anthropologie et d'Archéologie préhistoriques T. I. p. 137. Monaco, 1907).

assez belles dans les séries du Musée anthropologique de Monaco que M. Cartailhac range dans le moustérien, ces pièces sont des pointes qui ne peuvent se comparer au grattoir dont je viens de parler. La cavité creusée par M. Abbo pour dégager les ossements d'éléphant qui gisaient à la partie inférieure de la grotte, alors qu'il restait, au-dessus, des couches de l'âge du Renne, rend fort probable l'hypothèse de la chute d'un instrument magdalénien dans l'assise moustérienne. Le fait est d'autant plus admissible que le grattoir dont il s'agit est la seule pièce un peu soignée qui ait été rencontrée en bas.

En somme, les instruments en pierre de la couche de l'éléphant rappellent absolument les types dits du Moustier. Il devait en être de même dans les autres cavernes, si nous en jugeons par quelques passages du livre de M. Rivière. En effet, cet auteur déclare que, dans la Grotte du Cavillon, il a découvert, lorsqu'il est arrivé à 10 m. 25 de profondeur, « les premiers grès et calcaires taillés de la quatrième caverne, grès et calcaires analogues, comme formes et comme dimensions à ceux que nous avons trouvés dans la grotte n° 6, à 3 m. 75 de profondeur, et dont nous parlerons plus loin. » (1). Il figure une de ces pièces; c'est une « pointe moustérienne en grès, avec ses arêtes de taille, mais sans re-

____

(1) Ém. RIVIÈRE, *Op. cit.*, p. 175.

touche sur les bords ». Au fond de la Grotte du Cavillon existaient donc des instruments de forme archaïque, absolument comme dans la Barma-Grande, quoiqu'à diverses reprises M. Rivière déclare que l'industrie est la même depuis la surface jusqu'au fond des cavernes.

Cette industrie moustérienne finirait à un niveau bien plus élevé dans la sixième grotte ou *Baousso da Torre*. Voici en quels termes s'exprime M. Rivière : « Les armes et les instruments en pierre nous ont révélé, dès la découverte de ce squelette, ce fait fort curieux d'une industrie tout à fait différente de celle que nous avions trouvée jusque-là dans les cavernes des Baoussé-Roussé, du moins quant à la nature des matériaux dont les peuplades des grottes de Menton se sont servies, et dont nous avons dit seulement quelques mots lors de la description de la quatrième caverne. Il s'agit de l'apparition, à 3 m. 75 de profondeur, de grès et de calcaires taillés, d'abord mêlés aux silex, puis trouvés bientôt seuls, à l'exclusion de ces derniers, jusque dans les foyers les plus inférieurs, apparition indiquant une modification totale dans le choix de la matière employée par l'homme des cavernes pour la fabrication de ses outils.

« En effet, les objets en silex diminuent ici considérablement pour disparaître bientôt complètement dans les couches un peu plus inférieures, où ils sont remplacés par des instruments, des armes et des outils en grès plus ou moins siliceux, taillés généralement à plus grands éclats — la matière première étant elle-même d'un volume beaucoup plus considérable que les galets de silex — et plus ou moins retouchés sur les bords ; tandis qu'auparavant, c'est-à-dire dans les couches supérieures, le grès taillé n'apparaissait que très rarement et comme une véritable exception (1). »

Je n'ai pas hésité à citer ce passage intégralement malgré sa longueur, car il prouve que dans la sixième grotte, comme dans la Barma-Grande et comme dans la quatrième caverne, il existait au fond une industrie spéciale, bien différente de celle dont on trouve les traces à des niveaux plus élevés. Dans la sixième grotte, la couche moustérienne se rencontrait à partir de 4 mètres environ de la surface ; mais si nous tenons compte que la hauteur totale du dépôt n'était que de 6 m. 50, nous arrivons à cette conclusion que cette couche n'avait en somme que 2 m. 50 d'épaisseur, c'est-à-dire, à très peu de chose près, la même puissance que dans la grotte de M. Abbo.

Comment expliquer que M. Rivière ne l'ait pas signalée à propos des autres cavernes ? Remarquons d'abord que la septième n'a pas été explorée par lui. M. le chanoine de Villeneuve qui l'a fouillée avec le plus grand soin,

---

(1) Ém. RIVIÈRE, *Op. cit.*, p. 231.

n'y a rencontré aucun squelette humain ; mais il y a récolté d'assez nombreux instruments en pierre, et je viens de dire que M. E. Cartailhac n'hésite pas à y reconnaître l'industrie moustérienne. La huitième grotte n'est en réalité, pour employer les expressions de M. Rivière, « qu'un petit abri sous roche ». La neuvième, d'après les déclarations du même auteur, « ne présente aucun signe du passage de l'homme et ne contient aucun instrument en os, en silex taillé ». Il ne reste donc, en somme, que la première, la seconde et la troisième dans lesquelles il ne signale pas la couche dont je m'occupe en ce moment. Mais M. Rivière les a-t-il fouillées jusqu'au fond ? Je me garderai bien d'ajouter foi aux racontars des gens du pays et je me reporterai simplement à l'ouvrage dans lequel sont consignées les recherches de l'explorateur. Pour la première caverne, deux squelettes ont été découverts à 2 m. 70 de profondeur ; aucune phrase ne nous indique que les fouilles aient été continuées au-dessous. Nous savons fort bien aujourd'hui qu'elles s'étaient arrêtées à ce niveau, car cette première caverne est la Grotte des Enfants, que le Prince de Monaco a fait explorer jusqu'à la base. Elle mérite de nous arrêter un instant.

M. le chanoine de Villeneuve, nous apprend que, lorsqu'il entreprit ses recherches, « l'épaisseur du dépôt de remplissage, y compris un témoin laissé par les fouilles précédentes, était de 9 m. 50 environ ». (1). Par conséquent, M. Rivière, qui s'était arrêté à 2 m. 70, avait laissé, sans les explorer, des couches dont l'épaisseur n'était pas inférieure à 6 m. 80. Ces couches n'avaient subi aucun remaniement et contenaient toute une succession de foyers intacts. J'ai dit, plus haut, l'importance des découvertes qui y ont été faites : je me bornerai à rappeler, en ce moment, qu'au-dessous d'assises du Quaternaire supérieur et du Quaternaire moyen, existaient des dépôts forts anciens dans lesquels M. Boule a signalé des restes, non d'Éléphant antique ni d'Hippopotame, mais de Rhinocéros de Merck, associés à ceux de l'Ours brun et de l'Ours des Cavernes. On peut donc en conclure que ces dépôts datent de la période encore chaude du Pléistocène. Mais, en avant de la grotte, « la tranchée du chemin de fer a détruit des foyers dont on a retrouvé à peine la marge et qui étaient les plus anciens ». (2).

Malgré la disparition de ces très anciens foyers, M. L. de Villeneuve a pu encore recueillir des instruments moustériens dans l'assise qui contenait des ossements de Rhinocéros de Merck.

La deuxième grotte, que nous voyons qualifiée

---

(1) Chanoine L. de VILLENEUVE. *Les Grottes de Grimaldi (Baoussé-Roussé)*. Historique et description. p. 62. Monaco, 1906.
(2) ÉMILE CARTAILHAC. *Op. cit.*. p. 139.

de « pseudo-caverne », contenait, à la surface, une couche de plus de 2 mètres, qui a été fouillée. Plus bas, le sol n'a été exploré que « sur une profondeur de 50 à 60 centimètres », c'est-à-dire que l'ensemble des fouilles a porté sur une épaisseur totale de 2 m. 60 environ. Enfin, au sujet de la troisième caverne, M. Rivière ne nous dit absolument rien de la profondeur à laquelle il est arrivé.

Par suite, n'est-on pas en droit de supposer que si, dans les cavernes fréquentées par l'homme, la couche moustérienne n'a pas toujours été notée, c'est que les fouilles n'ont pas été conduites jusqu'à la base du dépôt ou n'ont pas été faites avec tout le soin désirable ? En tout cas, il est certain que dans les cinq grottes où les recherches ont été poursuivies jusqu'au sol primitif, la couche moustérienne a été rencontrée et que la plus grande partie des instruments qui y ont été recueillis sont en grès, en quartzite ou en calcaire siliceux.

J'ai signalé cependant, parmi les instruments moustériens de la Barma-Grande quelques objets en silex. Je pourrais ajouter que M. Abbo a découvert un grand *lissoir en ivoire*, qui gisait en dehors de la grotte réduite à ses dimensions actuelles et dans le voisinage des restes de l'Éléphant antique.

II. — Couches de l'âge du Renne.

Une quantité considérable d'objets travaillés

a été recueillie dans les couches de l'âge du Renne, et comme ces assises avaient, aussi bien dans la Barma-Grande que dans les autres cavernes, une épaisseur considérable, il est évident que tous les instruments ne sont pas absolument contemporains. Toutefois, pendant un très long espace de temps, l'industrie a conservé les mêmes caractères généraux, de sorte qu'en se plaçant au point de vue archéologique pur, il est difficile d'établir des subdivisions.

Une petite réserve doit, néanmoins, être faite. Nous avons vu que M. Boule, en se basant sur la paléontologie, est arrivé à distinguer nettement trois assises différentes : l'assise du Quaternaire inférieur, celle du Quaternaire moyen et celle du Quaternaire supérieur. A la première, correspond l'industrie moustérienne dont il a été question dans le paragraphe précédent ; à la troisième, répond une industrie à facies magdalénien, à laquelle revient la place de beaucoup la plus importante dans les grottes des Baoussé-Roussé. C'est, sans doute, au Quaternaire moyen qu'il faut rapporter quelques instruments spéciaux, notamment une sorte de pointe en os, à base fendue, absolument semblable à celles qu'Édouard Lartet avait récoltées dans la grotte d'Aurignac. Souvent, depuis 1861, elle a été trouvée dans des couches superposées au Moustérien. Pour M. Cartailhac, elle est caractéristique d'une époque assez ancienne de notre Quaternaire moyen, époque qu'il désigne sous le nom d'*aurignacienne*. Or, ces pointes ont été découvertes autrefois par M. Rivière dans la Grotte du Cavillon et au Baousso da Torre ; M. L. de Villeneuve les a retrouvées dans la Grotte des Enfants, et M. Abbo en a recueilli dans la Barma-Grande. Il semble donc que la paléontologie et l'archéologie soient d'accord pour isoler, dans les grottes des Baoussé-Roussé, une assise intermédiaire entre le Quaternaire ancien et le Quaternaire récent, M. Cartailhac paraît, cependant, disposé à admettre que c'est l'industrie aurignacienne ou pré-solutréenne qui a persisté pendant presque toute la durée de la formation du dépôt de remplissage. J'incline à croire, au contraire, que si, même à des niveaux relativement élevés, on ne rencontre pas les beaux instruments en os si communs dans les stations magdaléniennes de la Vallée de la Vézère, il est impossible de séparer la presque totalité des objets en pierre trouvés dans les couches de l'âge du Renne des Baoussé-Roussé de ceux que les archéologues regardent comme typiques de l'époque dite magdalénienne. C'est ce que montrera, je pense, la petite description qui suit.

Je ne saurais songer, en raison du grand nombre d'objets recueillis dans les couches de l'âge du Renne, à entrer dans de longs détails à leur sujet. Je chercherai simplement à donner une idée exacte des principaux types rencontrés dans la Barma-Grande.

A. — *Instruments en pierre.* — Les instruments en pierre sont extrêmement nombreux ; presque tous sont en silex appartenant à des variétés différentes. On y voit des silex jaunes translucides, des silex jaspés aux colorations les plus diverses, etc. En général, les dimensions des instruments en pierre rencontrés dans cette couche sont assez réduites, fait déjà signalé par M. Rivière. Si nous laissons de côté les immenses lames trouvées avec les squelettes et que j'ai décrites plus haut, nous voyons que l'une des plus grandes recueillies par M. Abbo ne dépasse pas 113 millimètres de longueur sur 30 millimètres de largeur maxima.

Les *lames* ou couteaux se trouvent à foison, de même que les simples éclats. Elles sont tranchantes parfois sur les deux bords, parfois sur un bord seulement, l'autre formant alors une sorte de dos mousse. Il en est qui sont d'une petitesse tout à fait remarquable (30 millimètres sur 5). Les bords n'offrent pas de retouches, et si l'on observe dans certains cas des *écaillures*, pour employer une expression très juste de A. de Quatrefages, elles se sont produites à l'usage.

Les *grattoirs* sont presque aussi communs que les couteaux. Ce sont des lames se termi-

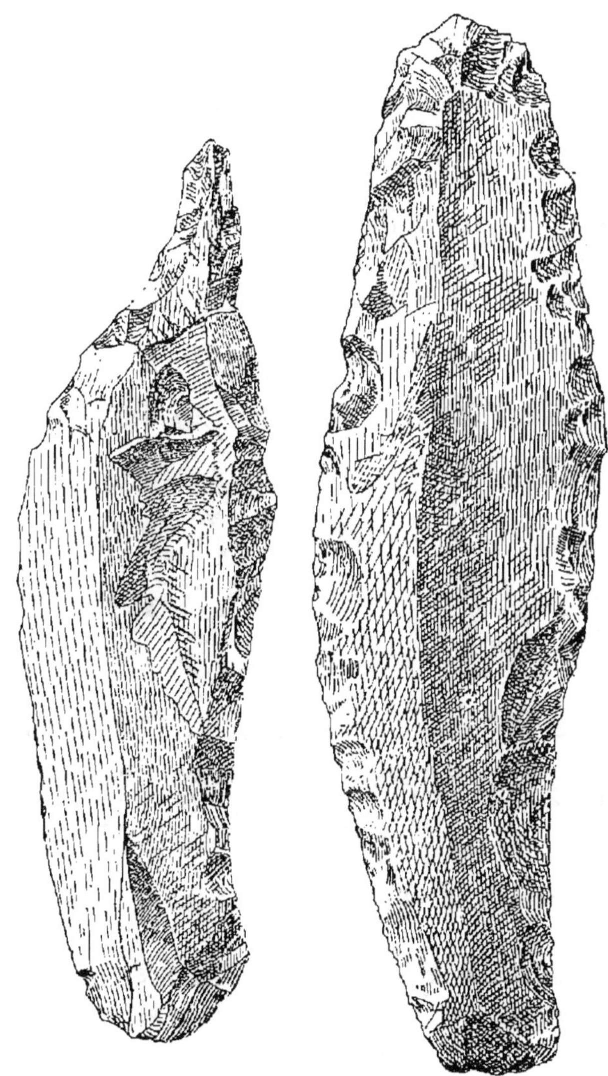

FIG. 24 — Perçoir de la couche du Renne.

FIG. 25. — Grattoir allongé, retouché sur les bords (couche de l'âge du Renne).

nant toujours par une extrémité arrondie ; ces grattoirs sont retouchés tantôt sur tout le pourtour, tantôt sur les bords et à une seule extrémité(fig. 25), tantôt aux deux bouts (grattoirs doubles), tantôt enfin à un bout seulement (fig. 26 à 29). Ils rentrent toujours dans le type dit de La Madeleine. Que la forme en soit courte ou allongée, on observe toujours des retou-

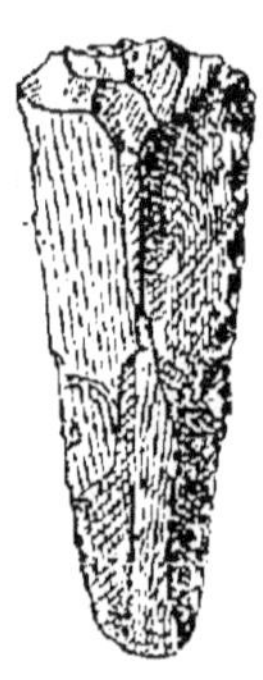

FIG. 26 — Grattoir du type magdalénien (couche du Renne).

FIG. 27 — Grattoir du type magdalénien (couche du Renne).

ches soignées à l'extrémité convexe. Ces retouches ont détaché, non pas de grands éclats, mais des fragments de petites dimensions.

Certains grattoirs se terminent, au bout opposé à l'extrémité convexe, par un biseau qui a été obtenu en détachant un seul éclat par percussion ; ce sont les *grattoirs-burins*, instruments admirablement adaptés au travail de l'os. Mais le *burin* peut être simple, sans présenter d'extrémité taillée en forme de grattoir. (fig. 30).

D'autres fois nous trouvons des *perçoirs*, c'est-à-dire des outils qui ont été soigneusement retouchés à un bout, de façon à obtenir

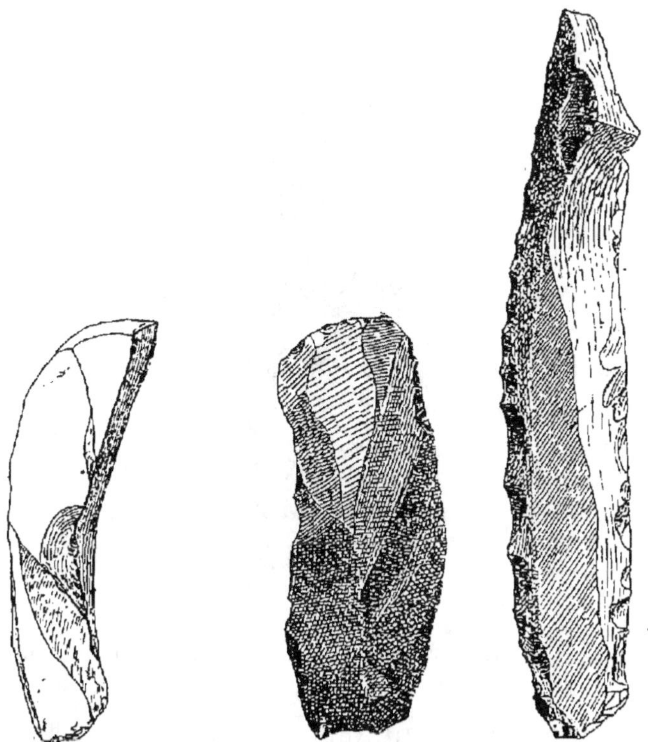

FIG. 28 et 29. — Profil et face d'un grattoir de la couche du Renne.

FIG. 30 — Burin de la couche du Renne.

une pointe (fig. 24). Ils peuvent être retouchés sur un de leurs bords ou même sur les deux.

Les *pointes* sont extrêmement communes. Elles sont habituellement retouchées sur les deux bords et à l'extrémité (fig. 31). Leurs dimensions, parfois très faibles, ne dépassent que rarement 6 centimètres en longueur.

Je n'ai pas parlé de très petits silex, relati-

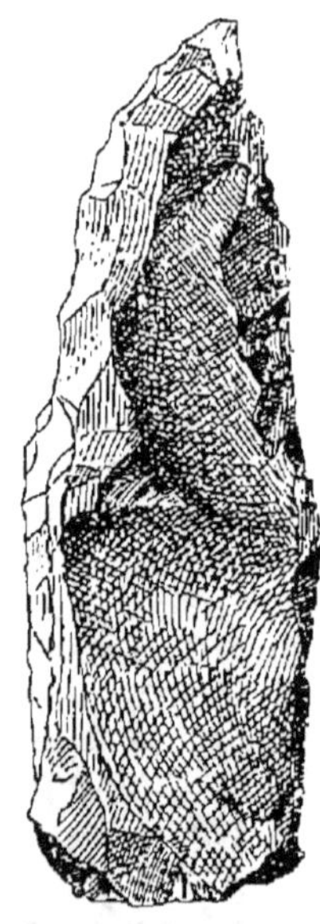

Fig. 31 — Pointe retouchée de la couche du Renne.

vement allongés, qui offrent une coupe triangulaire ; le bord tranchant est limité par deux faces lisses, sans aucune trace de retouches. Quand des éclats se sont détachés sur ce bord, c'est en se servant de l'objet, ainsi qu'on le voit sur l'outil que représente la figure 32. Il s'agit dans ce cas d'écaillures et non de retouches. La troisième face, au contraire, qui forme pour ainsi dire le dos de l'outil, a été retaillée avec soin. La partie qui paraît avoir été ménagée avec

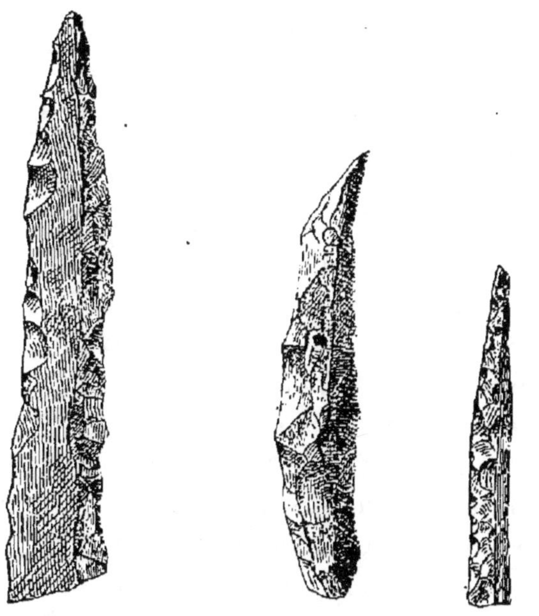

FIG. 32 — Lame à dos abattu (de la couche du Renne).

FIG. 33 et 34. — Lame à dos abattu (couche du Renne).

un soin tout particulier, c'est la pointe. Ces *lames à tranchant abattu* (fig. 32 à 34), comme les ont appelées MM. Cartailhac et Boule (1) — et que je préfère désigner sous le nom de *lames à dos abattu* — étaient probablement destinées à polir de petits morceaux d'os ou des coquilles au

____

(1) Em. CARTAILHAC et M. BOULE, *La grotte de Reilhac.* Lyon, 1889, p. 34.

moyen de leur bord tranchant et à les perforer à l'aide de la pointe. Les auteurs que je viens de citer en ont rencontré une quantité assez notable dans la grotte de Reilhac (Causses du Lot); ils les ont recueillies dans une couche qu'ils regardent comme remontant à la fin de l'âge du renne et qui forme presque la transition entre l'époque quaternaire et l'époque actuelle.

Je ne saurais terminer cette courte énumération des instruments en pierre de la couche de l'âge du renne sans mentionner quelques *racloirs*, assez comparables à ceux de l'assise inférieure, et des *pointes* rentrant tout à fait dans le type du Moustier, sans aucune retouche, comme celle que représente la figure 21. Doit-on les considérer comme datant de la même époque que les pièces que je viens de passer en revue? C'est une opinion qui peut se soutenir. Nous savons, en effet, que des types archaïques ont persisté, en petit nombre, il est vrai, jusqu'à des époques assez rapprochées de nous. J'ai recueilli moi-même dans des dolmens, c'est-à-dire dans des monuments de la période de la pierre polie, des racloirs et des pointes que les archéologues qui se basent uniquement sur la forme des outils pour en déterminer l'âge, auraient fait remonter à l'époque du Moustier.

Mais il se peut aussi fort bien que les instruments auxquels je fais allusion proviennent de la couche profonde et aient été transportés à un niveau plus élevé. Sans même avoir besoin d'invoquer des remaniements, on s'expliquerait sans peine que des objets de l'assise à éléphant aient été découverts à une époque postérieure à la formation de cette couche et transportés dans la grotte, alors que le dépôt s'était sensiblement accru. Une observation que j'ai faite au mois de mars 1899 permettra de comprendre qu'il ait pu en être ainsi.

En observant les différentes couches qui se sont accumulées dans la caverne, on s'aperçoit très facilement qu'elles s'inclinent régulièrement de haut en bas et du fond vers l'entrée. On peut donc en conclure que l'ouverture n'offrait aucun barrage capable de retenir les matériaux, qui glissaient en partie au dehors. Dans ces conditions, le remplissage devait se terminer en avant par une sorte de talus incliné, les couches inférieures s'avançant plus loin que les supérieures. Les assises du bas étant facilement accessibles dans leur partie antérieure, il est bien probable que les gens qui s'abritaient dans la grotte ont parfois vu affleurer des objets qui ont frappé leur attention et qu'ils ont transportés dans leur demeure. Je suis d'autant plus porté à le croire que j'ai pu me procurer quelques objets de forme archaïque et des fragments de brèches recueillis à un niveau relativement élevé. Or ces fragments de brèches étaient isolés au milieu d'un sol

peu tassé et plusieurs ressemblent singulièrement à ceux qu'on pourrait extraire aujour-
d'hui de la couche de l'éléphant.

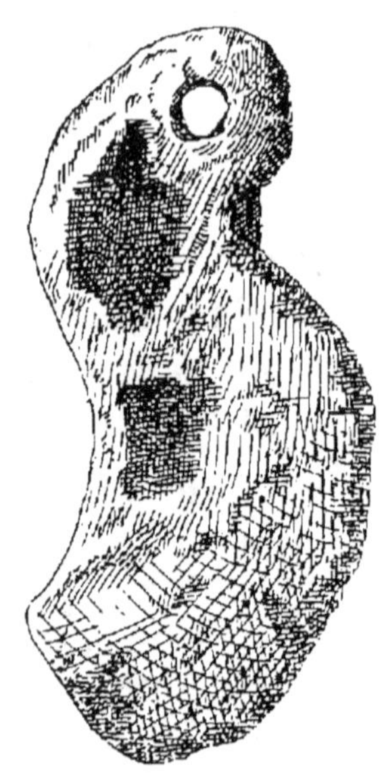

FIG. 35. — Astragale de
Cerf transformée en
pendeloque.

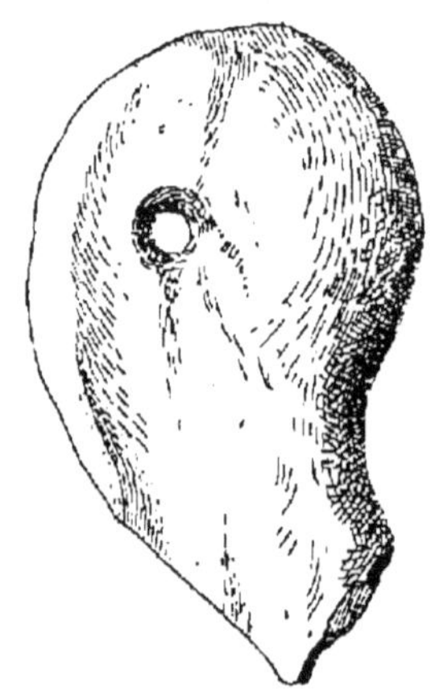

FIG. 36. — Extrémité de
clavicule transformée
en pendeloque.

B. — *Instruments en os et objets de parure.*
Les instruments en os de la couche du renne sont peu nombreux. En dehors des pointes
à base fendue déjà signalées, ils consistent en
poinçons et en *lissoirs*, sur lesquels il me paraît
tout à fait inutile d'insister.

Quant aux *objets de parure* en os et en coquille, ils sont parfois des plus rudimentaires. J'en

ai figuré plusieurs dans mon premier travail ; je reproduis ici ces figures, qui me dispenseront d'entrer dans une description détaillée. Un astragale de cerf (fig. 35), une extrémité de clavicule (fig. 36), une épiphyse d'un os long quelconque (fig. 37), suffisaient pour constituer un ornement dès qu'on y avait percé un

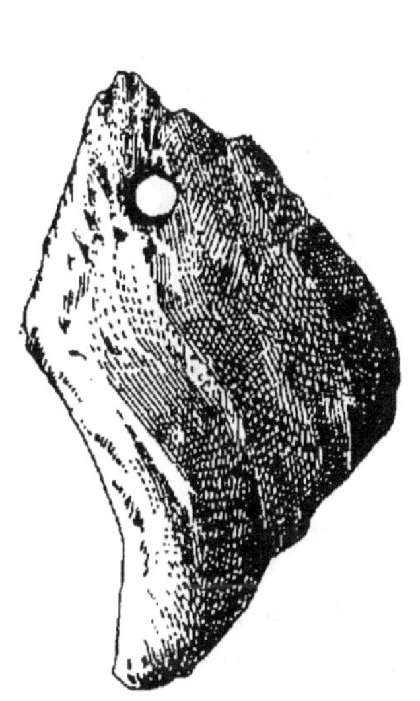

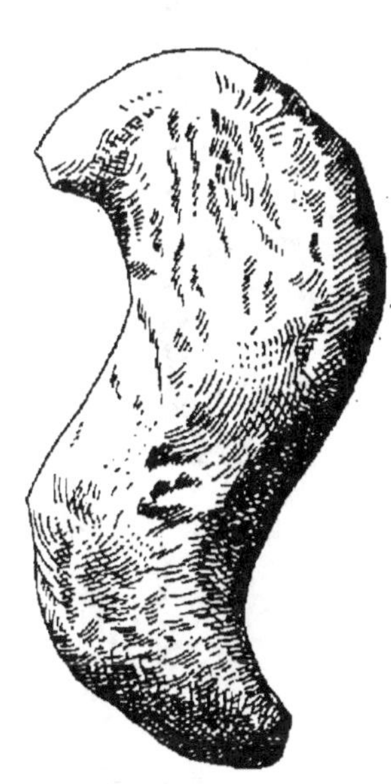

FIG. 37. — Épiphyse transformée en pendeloque.

FIG. 38. — Fragment d'os préparé pour en faire une pendeloque.

trou de suspension. Ces pendeloques étaient parfois grossièrement taillées (fig. 38) ou légèrement polies (fig. 39 et 40). D'autres fois encore, on sciait en travers la diaphyse d'un os long en deux points rapprochés et on obtenait un anneau qui pouvait facilement se suspendre (fig. 41). Souvent, enfin, l'os était remplacé par une coquille marine (fig. 42) qu'on ne peut reconnaitre pour une pendeloque qu'au trou dont elle est percée.

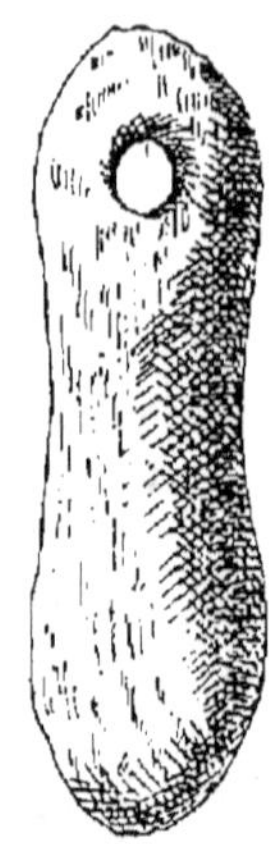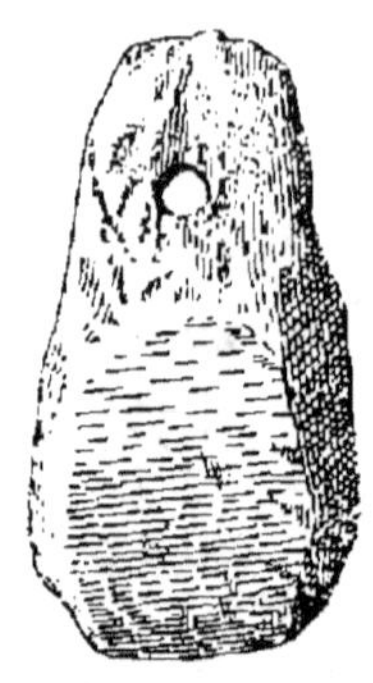

Fig. 39 et 40. — Pendeloque en os, légèrement polies.

Lorsque les dessins des pendeloques en os que je reproduis ci-dessus ont été publiés pour la première fois dans "L'*Anthropologie*", quelques archéologues, à la simple inspection des figures, ont insinué que les objets étaient faux. Or, je les ai dégagés moi-même de gangues très dures que n'avait certainement pas fabriquées un faussaire. Un fragment de diaphyse d'os long, dont je n'ai rien dit, portait à l'intérieur quelques traits parallèles, gravés en travers, et ces traits avaient leur contre-empreinte sur

la gangue, à laquelle l'os adhérait si fortement
que je n'ai pu le détacher sans le rompre.

Malgré cela, un savant dont j'apprécie haute-
ment la compétence, me déclara, après avoir
examiné à la loupe mes pendeloques, que l'une
d'elles portait des traces évidentes d'une scie
en métal. Une douzaine d'années plus tard, une
autre savant, pour qui j'ai une grande estime et
une sincère amitié, me demanda de lui montrer

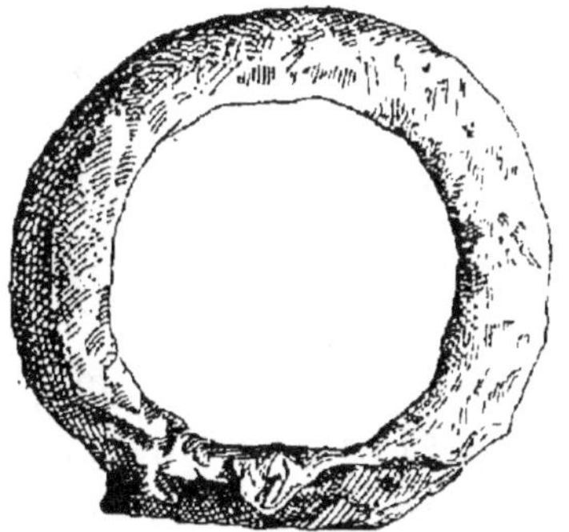

FIG. 41. — Anneau scié
dans la diaphyse d'un os
long.

FIG. 42. — Pendeloque en
coquille.

les mêmes objets. Il les brossa, lessiva soigneusement et, une fois l'opération terminée, il fut
d'avis que certaines pièces devaient inspirer
des doutes, mais que d'autres semblaient authentiques. Or, parmi celles que l'on pouvait
considérer comme authentiques, se trouvait
précisément la pendeloque qui, pour mon autre
ami, avait été sciée avec un instrument en métal.

Je ne rapporte le fait que pour montrer combien il est parfois difficile aux plus experts de se prononcer avec certitude. Pour moi, qui ai dégagé les objets de mes mains, je persite à les regarder comme ayant été fabriqués par les vieux troglodytes des Baoussé-Roussé.

Dans les autres grottes, M. Rivière a trouvé les mêmes instruments en os, les mêmes ornements en coquilles, qu'il décrit avec force détails et dont il figure un grand nombre. En dehors des poinçons et des lissoirs, il nous signale des *poignards*, qui ne sont autre chose que des poinçons de grande taille, des *pointes plates*, parfois fendues à la base pour en faciliter l'emmanchure et exactement semblables aux pointes aurignaciennes dont il a été question plus haut, de *longues pointes* d'un faible diamètre dont la base est souvent taillée en biseau pour pouvoir être facilement insérée dans une fente pratiquée à l'extrémité d'une hampe, des *objets affilés aux deux bouts* et polis sur toute leur surface, enfin des *aiguilles en os*. Des phalanges de Renne, percées d'un trou rond qui ne se voit que sur une des faces de la pièce, ont été considérées depuis longtemps par les archéologues comme des *sifflets*.

La Barma-Grande n'a pas fourni des spécimens de tous ces objets. Elle contenait, en revanche, de belles parures en canines de cerf décorées de stries, en os taillés en forme de double olive et ornés d'incisions, en ivoire élégamment travaillé et le remarquable collier

constitué par un gracieux assemblage de dents
de cerf, de vertèbres de poisson et de coquilles
de *Nassa neritea* qui ont été trouvés avec les
squelettes. Il y a là tout un ensemble de pièces
bien supérieures à celles recueillies dans les
autres cavernes et sur lesquelles je n'ai pas à
revenir après la description que j'en ai donnée
dans le paragraphe consacré aux premières
découvertes faites dans la Grande Grotte (1).

Toutefois, si beaucoup d'objets de parure sont
plus beaux, mieux décorés dans la Barma-Grande que dans les cavernes voisines, il ne semble
pas possible de leur assigner un âge différent.
Considérée dans son ensemble, l'industrie des
couches qui surmontent les dépôts à faune
chaude offre partout les mêmes caractères généraux. La supériorité des pièces dont je viens
de parler peut être attribuée à un sens artistique plus développé chez la famille dont M. Abbo
a retrouvé les restes au cours de ses fouilles.

C. — *Gravures et sculptures.* — Partout, dans
nos contrées, l'homme de l'âge du Renne nous
a laissé des preuves de ses instincts artistiques,
et il eut été fort surprenant que l'habitant des
Baoussé-Roussé eut seul fait exception à la rè-
gle. Cependant on a pu croire, jusqu'à ces dernières années, qu'aucune œuvre d'art n'était
sortie de ses mains. M. Rivière a déclaré à la

---

(1) Cf. Chapitre II, § II, A.

Société d'Anthropologie de Paris (1) que, sur
un million quarante mille pièces recueillies
par lui dans les grottes des Rochers-Rouges, il n'avait trouvé que trois os gravés de
traits. J'ai cité moi-même plusieurs cas de
traits gravés sur des canines de cerf, ou bien
sur des objets en os ou en ivoire. Il serait
néanmoins bien exagéré de qualifier des gravures aussi simples d'œuvres d'art. M. Salomon Reinach nous a fait connaître (2) des objets d'un tout autre intérêt que je ne puis passer sous silence, car ils proviennent de la
Barma-Grande. Ils ont été achetés, en 1896,
par le Musée de Saint-Germain, à M. Julien,
qui, comme nous l'avons vu, avait pratiqué
des fouilles dans la grotte douze ans auparavant. C'est entre quatre et cinq mètres de profondeur qu'auraient été trouvés une statuette,
« un objet hémisphérique en stéatite, orné
d'incisions et un objet en schiste, de forme
oblongue, avec incisions sur les deux faces ».
A ce niveau, on devait être encore dans la couche du Renne, qui semble avoir eu une épaisseur considérable dans la Barma-Grande. D'ailleurs, le vendeur déclare qu'à côté des objets
cités, il a recueilli de nombreux burins en si-

(1) *Bull. de la Soc. d'Anthropologie de Paris*, 4e série. T. IX,
1898. p. 152.

(2) SALOMON REINACH. *Statuette de femme nue découverte
dans une des Grottes de Menton*, in *L'Anthropologie*, t. IX,
1898 (avec 4 figures et 2 planches).

lex. Voici la description que donne M. Reinach de la statuette.

« La matière est une stéatite jaune et légèrement translucide, dont la surface est assez fortement endommagée en plusieurs endroits. La figure a 0 m. 047 de haut et 0,012 d'épaisseur *maxima* ; le bas des jambes manque. La tête, où les traits ne sont pas indiqués, présente une forme ovale ; le front est fuyant. Une grosse touffe de cheveux descend sur la nuque, rappelant d'une manière frappante la disposition de la chevelure dans certaines statues grecques archaïques. Les seins sont énormes et pendent jusque sur le ventre ; les bras ne sont pas indiqués. Le milieu du corps présente une forte saillie que l'on prendrait, au premier abord, pour une ceinture avec une boucle au milieu ; mais comme il n'y a pas de trace d'une ceinture par derrière, cette explication ne peut convenir. En réalité, les deux bourrelets en haut des cuisses sont des replis graisseux et la saillie centrale est exactement comparable à celle qu'on constate, à la même place, sur une des statuettes découvertes par M. Piette à Brassempouy (1). M. Piette écrit à ce sujet : « Le ventre est plat.. A sa partie inférieure *est une forte nodosité en losange, très saillante...* J'ai montré cette statuette à de nombreuses personnes ; presque toutes ont été d'avis qu'elle

---

(1) *L'Anthropologie*, 1895, pl. VIII, fig. 1 *a*, 1 *b*.

représentait une femme *dont le mont de Vénus portait une saillie exagérée...* Il en est de même de la statuette de Menton » (1). En note, M. Reinach ajoute : « On distingue, à la surface de la nodosité dont il est question, une strie irrégulière, dirigée de haut en bas, qui paraît avoir été tracée avec intention. Ce serait une indication complémentaire du sexe. »

La note de M. Reinach a surpris quelques savants disposés à voir des faux dans les pièces qu'ils ne décrivent pas eux-mêmes. Comment se serait-il écoulé douze ans sans qu'on ait eu connaissance de l'existence de cette statuette ? M. Julien avait répondu par avance à cette objection en déclarant spontanément que, sur le conseil qui lui en avait été donné, il l'avait cachée « pour ne pas rajeunir les grottes ». D'ailleurs, appelé souvent au Canada et n'attachant pas beaucoup d'importance à la collection qu'il avait recueillie, il ne montra qu'en 1896 à MM. Reinach et de Villenoisy les pièces qu'acheta le Musée de Saint-Germain et dont il ne soupçonnait nullement l'intérêt.

M. Rivière qui n'a pas vu la pièce, suppose qu'elle est fausse parce que le baron Bruining a acheté, en 1892, pour le Musée de Riga, des objets faux qu'on lui avait dit avoir été découverts dans les grottes des Baoussé-Roussé !

---

(1) *L'Anthropologie*. t. IX. 1898, p. 30.

Mais si « l'ancienneté de la statuette, dite de Menton, contestée par les uns, affirmée par les autres, était définitivement acquise, il resterait peut-être encore à prouver son origine, à prouver qu'elle a bien été trouvée dans l'une des grottes des Baoussé-Roussé » (1). Il est absolument impossible d'admettre qu'un simple ouvrier ait fait un faux aussi parfait que celui acheté par le Musée de Saint-Germain ; la statuette est trop analogue à celles découvertes dans des couches de l'époque quaternaire pour qu'on puisse lui assigner une semblable origine. Et si elle est vraie, pourquoi le vendeur ne l'aurait-il pas découverte dans la Barma-Grande qu'il a partiellement fouillée, ainsi que le sait fort bien M. Rivière ?

M. G. de Mortillet, pour contester « carrément » l'authenticité de la pièce, invoque d'autres arguments. Pour lui, la statuette, fabriquée par un faussaire, a été longtemps portée dans la poche afin de lui donner une patine et de faire disparaître les traces de coupure au couteau de fer (2). Mais la raison principale qui lui en fait constater l'authenticité, c'est que les seins et les fesses offrent un développement exagéré. Il faut donc voir dans la pièce une

----

(1) *Bull. de la Société d'Anthropologie de Paris*, 1898, p. 153.

(2) Remarquons, en passant, que si ces « traces de coupure au couteau de fer » *ont disparu*, rien n'autorise à affirmer qu'elles ont existé.

statuette obscène, fabriquée par un faussaire, qui « pour surexciter les amateurs et les acheteurs, a exagéré de la manière la plus absurde les seins et les fesses » (1). Mais, à ce compte-là, les statuettes découvertes à Brassempouy par M. Piette seraient également fausses, car elles présentent un tel développement de la région fessière que le savant archéologue les a comparées à des femmes Bochismanes.

D'ailleurs, M. Salomon Reinach a répondu en quelques lignes aux objections de G. de Mortillet dans une lettre qu'a publiée l'*Antropologie* (2), et je crois que pour tout homme impartial la question est jugée. Aussi n'hésiterai-je pas à admettre que les hommes qui vivaient aux Baoussé-Roussé pendant l'âge du Renne avaient le même sentiment artistique que ceux qui vivaient à la même époque dans le sud-ouest de la France.

Depuis que le Musée de Saint-Germain-en-Laye s'est rendu acquéreur de la statuette en stéatite, le regretté Édouard Piette a acquis, du même M. Julien, cinq autres statuettes qui proviendraient d'une petite grotte située au-dessus de la sixième grande caverne des Baoussé-Roussé ; on ne connaît pas l'industrie qui les accompagnait. Ces statuettes, dont quatre sont en talc cristallin et la cinquième en os, ont

(1) *Bull. de la Société d'Anthropologie de Paris*, 1898, p. 150.

(2) Cf. *L'Anthropologie*, t. IX, 1898, p. 613.

été présentées à la Société d'Anthropologie de Paris dans sa séance du 5 novembre 1902. Piette, dont l'imagination n'était jamais en défaut, a reconnu, dans une, le type du Néanderthal et, dans les autres, le type bochisman ou somali. Elles sont toutes plus petites et moins bien sculptées que celles de Brassempouy, mais la facture en est à peu près la même.

Gabriel de Mortillet avait été enlevé à la science quatre ans avant le jour où Piette présenta ses statuettes des Baoussé-Roussé à la Société d'Anthropologie ; mais son fils, Adrien, était présent et, suivant la tradition paternelle, il contesta l'authenticité des pièces. M. Rivière déclara qu'il ne pourrait que répéter ce qu'il avait dit en 1898. M. Capitan, au contraire, accepta les sculptures comme vraies et insista sur un point signalé par Piette : les statuettes, comme certaines pièces recueillies dans les foyers des grottes, présentent, dans leurs dépressions, des traces de peroxyde du fer.

Il est bien évident qu'il eut mieux valu, au lieu de ces preuves indirectes d'authenticité, que les sculptures eussent été trouvées en présence de témoins et que leur découvreur ne les cachât pas pendant plusieurs années sans en laisser soupçonner l'existence. Mais leur intime ressemblance avec d'autres sculptures quaternaires d'une origine sûre est un argument qui plaide fortement en leur faveur. Il n'est nullement étonnant, je le répète, que des

hommes qui appartenaient à la même race que
les chasseurs de Renne de la Vézère, qui en
avaient le genre de vie et qui possédaient la
même industrie, fussent douées des mêmes
goûts artistiques que leurs comtemporains de
l'Ouest.

III. — Couches Superficielles.

L'industrie des couches superficielles des
cavernes des Rochers-Rouges nous est fort
mal connue ; j'en ai déjà exposé les motifs.
Qu'il me suffise de rappeler que l'exploration
de ces couches a généralement été faite avec
peu de soin et que bien souvent la partie supérieure avait disparu lorsque les fouilles sur
lesquelles nous avons quelques renseignements ont été entreprises. Je n'ajouterai rien
à ce que j'ai dit plus haut (1). J'ai montré, je
crois, d'une façon suffisante que les grottes
renfermaient à la surface une couche néolithique plus ou moins épaisse, dans laquelle on
a découvert, entre autres objets, des haches en
pierre polie. On comprendrait difficilement
qu'il en eût été autrement, car on ne saurait
supposer que le remplissage ait cessé brusquement à la fin des temps quaternaires ; et, si
l'homme continuait à fréquenter les cavernes,
il a dû forcément y laisser quelques-uns de ses
instruments.

____

(1) Voyez chap. I⁰ʳ, p. 70.

CHAPITRE IV

Caractères physiques des Hommes des Baoussé-Roussé.

Lorsqu'a paru la première édition de ce petit livre, nous connaissions déjà un assez grand nombre d'ossements humains recueillis dans les cavernes des Baoussé-Roussé ; ils présentaient entre eux des ressemblances fort étroites, et j'ai pu écrire à ce moment : « Ce qui frappe tout d'abord, c'est l'homogénéité de la tribu qui a vécu en cet endroit ». Depuis, de nouvelles découvertes ont été faites qui m'obligent à modifier un peu mon opinion d'autrefois.

Le type primitivement rencontré aux Rochers-Rouges a été retrouvé, avec tous ses caractères, dans la Grotte des Enfants, de sorte que la description que j'en ai donnée à diverses reprises se trouve confirmée par les trouvailles du chanoine de Villeneuve. Mais, dans la même grotte, le consciencieux explorateur a mis à jour deux squelettes, qui gisaient à 70 centimètres au-dessous d'un sujet offrant les caractères fondamentaux du type anciennement connu, et qui se différencient

totalement des autres. Le bruit qui a été fait
autour de cette découverte me permet d'autant
moins de la passer sous silence que c'est moi
qui ait fait connaître la race négroïde à laquelle appartiennent ces deux sujets. Comme
on était habitué à appeler « type des Baoussé-
Roussé » celui que nous avaient révélé les
fouilles de MM. Rivière, Julien et Abbo, il fallait, pour éviter toute confusion, appliquer un
autre nom à la nouvelle race, qui n'avait jamais été rencontrée jusque-là : je l'ai dénom-
mée « *Race de Grimaldi* » parce que c'est sur
le territoire de Grimaldi que se trouvent les
grottes des Rochers-Rouges et qu'il est d'usage
d'appliquer à toute race préhistorique inédite
le nom de la localité où elle a été rencontrée
pour la première fois. Aujourd'hui la race de
Grimaldi est connue de tous les spécialistes ;
c'est par l'exposé de ses caractères que je
commencerai ce chapitre.

I. — La Race de Grimaldi.

J'ai dit en décrivant leur posture bizarre,
que les deux sujets de la sépulture inférieure
de la Grotte des Enfants étaient, l'un, un jeune
homme de 15 à 17 ans, et l'autre, une vieille
femme. Je rappellerai que, d'après M. Boule,
les squelettes remonteraient « au Pléistocène
moyen et seraient ainsi sensiblement de l'âge

des squelettes de Spy, en Belgique. » (1) L'adolescent et la vieille femme se ressemblent tellement qu'il est impossible de ne pas les rattacher au même type ethnique ; ils offrent de singulières analogies avec les Nègres actuels. Voici leurs principaux caractères.

La *taille* de la vieille femme, calculée à l'aide de ses os longs, atteint 1 m. 59 ou 1 m. 60, supérieure de 2 centimètres environ à celle de la moyenne des Parisiennes actuelles. L'adolescent mesurait déjà 1 m. 56 et il était loin d'avoir achevé sa croissance. Si l'on admettait qu'il eut encore grandi de 20 centimètres environ, comme le font aujourd'hui les jeunes gens de son âge, il serait arrivé à 1 m. 76 à peu près, ce qui correspond à une stature bien supérieure à la moyenne (1 m. 65). Nous verrons que les hommes rentrant dans le type anciennement connu, étaient d'une taille encore beaucoup plus élevée.

Par les *proportions de leurs membres*, nos deux sujets se différencient complètement des Européens modernes et s'identifient avec les Nègres, dont ils exagèrent même les caractères. On sait que les Nègres ont l'avant-bras très long par rapport au bras, la jambe très longue par rapport à la cuisse et le membre inférieur très développé en comparaison du membre su-

---

(1) M. BOULE, *Op. cit.*, p. 181.

périeur. Si nous calculons ces divers rapports à l'aide des os, nous obtenons les résultats suivants :

Rapport du radius (avant-bras) à l'humérus (bras) :

Vieille femme de la Grotte des Enfants	80,07
Adolescent id.	79,37
Européens (d'après Broca)	73,93
Nègres » id. »	79,40

Rapport du tibia (jambe) au fémur (cuisse) :

Vieille femme de la Grotte des Enfants	83,87
Adolescent id.	83,77
Européens (d'après Broca)	79,72
Nègres » id. »	81,33

Rapport du membre supérieur au membre inférieur :

Vieille femme de la Grotte des Enfants	65,66
Adolescent id.	63,12
Européens (d'après Broca)	69,73
Nègres » id. »	68,27

L'examen de ces chiffres démontre que, au point de vue de ces trois rapports, la vieille femme exagère les caractères des races nigritiques, et que le jeune homme, qui s'identifie avec les Nègres par le rapport de son avant-bras à son bras, offre aussi une jambe relativement plus allongée qu'eux et un membre inférieur d'une longueur tout à fait insolite par rapport au membre supérieur.

Par les caractères de la *tête*, nos deux Négroïdes présentent également des affinités très étroites avec les races nigritiques d'aujourd'hui, tout en offrant une particularité assez rare dans les groupes humains actuels : je veux parler de la dysharmonie frappante qui existe entre le crâne, extrêmement allongé d'avant en arrière (hyperdolichocéphale, comme disent les anthropologistes) et la face, à la fois basse et très dilatée en travers.

La boîte cranienne est volumineuse ; sa capacité, évaluée approximativement au moyen des diamètres mesurés en dehors, atteindrait 1375 centimètres cubes environ chez la vieille femme, et à peu près 1580 centimètres cubes chez l'adolescent. Elle affecte une forme elliptique très régulière, sans saillie exagérée des bosses pariétales, comme chez la généralité des Nègres. Comme chez ceux-ci, les sutures sont d'une simplicité remarquable. Le front est relativement assez large, et on observe un méplat en arrière du vertex.

C'est surtout la face qui montre des caractères nigritiques des plus prononcés. On observe un prognatisme fort marqué des deux mâchoires et, par suite, une fuite du menton, plus accusée chez l'adolescent que chez la vieille femme. Le nez est large et sa paroi inférieure, ou plancher, au lieu de se terminer en avant par un bord aigü, aboutit à des gouttières qui se prolongent sur la face antérieure du maxillaire supérieur. La mandibule est épaisse, étroite et allongée d'avant en arrière.

Les dents sont trop usées chez la vieille femme pour qu'on puisse en faire une étude profitable ; mais il n'en est pas de même de celles du jeune homme, que M. le Professeur Gaudry, l'éminent membre de l'Institut, a décrites avec un soin méticuleux. Ces dents sont d'un volume considérable. Par l'allongement remarquable des molaires d'avant en arrière, par les tubercules supplémentaires qu'elles portent, elles rappellent celles des Nègres les plus inférieurs de notre époque, les Australiens.

Tous les caractères faciaux que je viens d'énumérer rapidement sont des caractères essentiellement nigritiques. Toutefois, on note dans la face quelques particularités qui distinguent nos Négroïdes de la majorité des Noirs actuels. J'ai dit que la face est très dilatée en travers, mais cet élargissement n'atteint que sa partie supérieure : au-dessous des pommettes, le visage se rétrécit d'une façon remarquable. Les orbites sont basses et d'une largeur exagérée. Nous ne connaissons guère dans le monde noir d'aujourd'hui qu'un groupe dans lequel on puisse rencontrer une semblable conformation faciale : c'est le groupe bochisman et hottentot, qui comprend de misérables tribus dont l'évolution n'est guère plus avancée que celle des Australiens.

Le *bassin* des Négroïdes de la Grotte des Enfants présente, comme celui des Nègres, un faible développement de ses ailes iliaques, qui sont bien plus verticales que chez nous et dont le bord supérieur est fortement contourné.

Enfin, toujours comme chez les Nègres, nous voyons que le talon fait, en arrière de l'articulation du tibia, une saillie tout à fait exagérée.

Tels sont, résumés aussi brièvement que possible, les caractères essentiels de cette curieuse race. Nous pouvons assurer maintenant, grâce aux découvertes faites aux Baoussé-Roussé, que nous comptons des Négroïdes parmi nos ancêtres. On ne saurait, en effet, supposer un instant qu'à l'époque du quaternaire moyen, la vieille femme et l'adolescent de la Grotte des Enfants soient arrivés d'Afrique aux Rochers Rouges. Ce n'est que bien des siècles plus tard que l'Homme a fait ses premiers essais de navigation, et, même à l'époque néolithique, il était loin d'être en état d'affronter la haute mer.

D'ailleurs, nous avons la preuve que nos Négroïdes de Grimaldi ont dû faire partie d'un groupe ethnique qui a joué un certain rôle dans nos contrées. S'ils fussent arrivés accidentellement, ils se seraient trouvés noyés au milieu des populations parmi lesquelles ils auraient échoué, et toute trace de leur sang aurait rapidement disparu. Or, il n'en est rien. On sait qu'en vertu d'une force que les naturalistes désignent sous le nom d'*atavisme*, les caractères d'un ancêtre éloigné peuvent reparaître brusquement chez un individu. J'ai, par suite, recherché les survivances ataviques du type de Grimaldi et je les ai retrouvées, en petit nombre, naturellement, en France, en Suisse et en Italie, tant à l'époque de la pierre polie, qu'à l'âge du bronze, à l'âge du fer et à l'époque actuelle. J'ai même eu la bonne fortune de rencontrer deux Négroïdes vivants, à caractères accusés, originaires des montagnes du Piémont. Pour que ce type se montre ainsi sporadiquement de nos jours, dans des contrées où il est difficile d'admettre l'arrivée de Nègres, il faut qu'il ait vécu autrefois en Europe et qu'il se soit même répandu sur une assez vaste surface. Son existence ancienne est maintenant démontrée : des découvertes futures apprendront peut-être quelle a été son aire de dispersion.

II. La Race de Cro-Magnon

Ce type, ai-je dit, était connu depuis les trouvailles de M. Rivière. Cependant la découverte, par M. Abbo, des cinq squelettes de la Barma-Grande est venue combler bien des lacunes dans nos connaissances. Parmi les quatre squelettes exhumés de la Grotte des Enfants par le chanoine L. de Villeneuve, il s'en trouve un qui offre aussi tous les caractères essentiels de la race de Cro-Magnon. Nous sommes donc en mesure de tracer de cette race un portrait bien plus complet et bien plus satisfaisant qu'autrefois.

A. — *Taille.* — La race était assurément de grande taille ; toutefois on a singulièrement exagéré la stature de nos hommes. Des curieux se sont armés de mètres et ils ont mesuré la hauteur des sujets depuis le vertex jusqu'à l'extrémité des phalanges unguéales des pieds, sans se préoccuper si les os étaient en place et si les pieds étaient dans l'extension forcée ; c'est ainsi qu'on a obtenu le chiffre de 2 m. 25 pour le premier sujet découvert par M. Abbo.

Un sculpteur, M. Mégret, a employé un procédé qui n'est pas absolument nouveau, mais qui a été abandonné par tous les hommes de science (1). Aujourd'hui, pour évaluer la taille, les anthropologistes s'appuient sur le rapport qui existe entre la longueur des grands os des membres et la hauteur totale du corps. M. Mégret, lui, base son système sur le rapport entre la phalangine du médius et la taille ; cette phalangine représenterait la 64ᵉ partie de la hauteur totale. Il arrive à des résultats d'une précision surprenante : 1 m. 984 pour le sujet découvert le 12 janvier 1894 dans la Barma-Grande ; 2 m. 144 pour celui découvert en 1892

____

(1) A. MÉGRET, *Études de mensurations sur l'homme préhistorique.* Nice, 1894.

dans la même grotte ; 1 m. 984, 1 m. 920 et 2 m. 048 pour chacun des trois squelettes trouvés par M. Rivière. Or, rien n'est plus variable que la longueur des doigts chez les différents individus, et je montrerai que nos sujets des Baoussé-Roussé les avaient relativement très courts. D'un autre côté, il suffit de commettre une erreur d'un millimètre en mesurant la phalangine pour arriver, en multipliant par 64, à une erreur totale de 64 millimètres. Par suite, il est impossible d'attacher d'importance aux chiffres donnés par M. Mégret.

M. Rivière ne nous dit pas quel procédé il a employé pour évaluer la taille de ses sujets, ou plutôt il oublie de nous indiquer les coefficients dont il s'est servi. Ce n'étaient certainement pas ceux que M. Manouvrier a déduits des mensurations du Dr Rollet, car ils n'avaient pas encore été publiés à cette époque. Les chiffres qu'il admet sont les suivants :

Homme de la grotte du Cavillon . 1 m. 85 à 1 m. 90
1er sujet masculin de la 6e grotte. 2 m. 00 à 2 m. 05
2e — — . . . . 1 m. 95 à 2 m.

Ces chiffres sont certainement trop élevés. Si, en effet, on reconstitue la stature à l'aide des coefficients de M. Manouvrier, en prenant les longueurs des os longs indiquées par M. Rivière dans son livre, on arrive aux résultats suivants :

Squelette de la Grotte du Cavillon :

	Longueur des os	Taille
Humérus	342 mm.	1 m. 71
Cubitus......	283 —	1 — 77
Radius	263 —	1 — 76
Fémur.......	464 —	1 — 69
Tibia........	412 —	1 — 79

Moyenne.... 1 m. 74 (au lieu de
1 m. 85 à 1 m. 90).

1ᵉʳ squelette du Baousso da Torre :

	Longueur des os	Taille
Humérus	365 mm.	1 m. 82
Cubitus......	300 —	1 - 85
Radius	280 —	1 — 85
Fémur.......	535 --	1 — 89
Tibia	420 —	1 — 83

Moyenne.... 1 m. 85 (au lieu de
2 m. à 2 m. 05).

2ᵐᵉ squelette du Baousso da Torre :

	Longueur des os	Taille
Humérus	363 mm.	1 m. 81
Cubitus......	292(?) —	1 — 82(?)
Radius	264 —	1 — 77
Fémur.......	504 —	1 — 79

Moyenne ..... 1 m. 80 (au lieu de
1 m. 95 à 2 m.).

J'aurais de sérieuses réserves à faire au sujet des longueurs données par M. Rivière. Il n'hésite pas à faire figurer des chiffres précis sur son tableau, même lorsqu'il a déclaré dans son texte que les os dont il parle sont incomplets. En acceptant ces chiffres hypothétiques, on arrive, comme je viens de le montrer, à des tailles sensiblement inférieures à celles qu'il indique, et la différence oscille entre 15 et 20 centimètres.

J'ai pu mesurer avec plus de précision les os du squelette de la Grotte du Cavillon, qui se trouve dans les galeries du Muséum d'Histoire naturelle de Paris, et j'ai obtenu pour la taille de cet homme le chiffre 1 m. 75.

Depuis la publication de la première édition, j'ai achevé de dégager les squelettes de la Barma Grande et de restaurer leur ossements. J'ai vérifié avec soin les réparations qui avaient été faites antérieurement et j'ai rectifié les erreurs commises. Il m'a été possible, une fois ces opérations terminées, de mesurer un plus grand nombre d'os. Mes résultats actuels diffèrent un peu de ceux obtenus en 1899 : ils doivent être plus près de la vérité. Je fais suivre les tableaux sur lesquels figurent les deux sujets masculins adultes (1) de la Grande Grotte d'un troisième tableau où j'ai inscrit les chiffres que m'a donné l'homme de grande taille de la Grotte des Enfants.

____

(1) J'ai éliminé le squelette carbonisé qui, bien qu'adulte et rentrant incontestablement dans le même type, ne saurait fournir des mesures précises.

1ᵉʳ Squelette masculin de la Barma Grande :

	Longueur des os	Taille calculée	
Humérus droit...	374 mm.	1 m. 84)	
— gauche ...	379 —	1 — 87)	1 m. 855
Cubitus gauche...	310 —	1 — 94	1 m. 940
Radius gauche ...	286 —	1 — 92	1 m. 920
Fémur droit	532 —	1 — 88)	
— gauche ...	526 —	1 — 86)	1 m. 870
Tibia droit......	436 —	1 — 88)	
— gauche.....	432 —	1 — 86)	1 m. 870
Péroné gauche ...	420 —	1 — 84	1 m. 840

Moyenne .... 1 m. 880

2ᵐᵉ Squelette masculin de la Barma Grande :

	Longueur des os	Taille calculée	
Humérus droit...	354 mm.	1 m. 76)	
— gauche.	350 —	1 — 75)	1 m. 755
Cubitus droit....	290 —	1 — 81)	
— gauche..	287 —	1 — 785)	1 m. 800
Fémur droit.....	491 —	1 — 755	1 m. 755
Tibia droit......	402 —	1 — 76)	
— gauche	398 —	1 — 75)	1 m. 755
Péroné gauche ..	388 —	1 — 73	1 m. 730

Moyenne .... 1 m. 770

Grand Squelette masculin de la Grotte des Enfants :

	Longueur des os	Taille calculée	
Humérus droit...	369 mm.	1 m. 84)	
— gauche.	365 —	1 — 83)	1 m. 835
Cubitus droit....	310 —	1 — 95)	
— gauche..	303 —	1 — 91)	1 m. 930

Radius gauche ..	279	—	1 — 88	1 m. 880
Fémur droit.....	523	—	1 — 85)	
— gauche ...	522	—	1 — 85)	1 m. 850
Tibia droit......	448	—	1 — 94)	
— gauche	450	—	1 — 95)	1 m. 945
Péroné gauche...	434	—	1 — 90	1 m. 900
			Moyenne..........	1 m. 890

Un certain nombre d'observations personnelles me portent à croire que les coefficients de
M. Manouvrier sont un peu trop faibles pour
les individus de très haute stature ; il conviendrait, pour obtenir la taille réelle, d'ajouter
environ 5 centimètres au chiffre obtenu. Voici
les résultats auxquels nous aboutirons en fin
de compte :

Taille des sujets masculins du type de Cro-Magnon
trouvés aux Baoussé-Roussé :

	Avec les coefficients de Manouvrier	après rectificat.
Homme de la Grotte de Cavillon...	1 m. 75	1 m. 80
— de la Barma Grande (nᵒ 2).	1 m. 77	1 m. 82
— du Baousso da Torre (nᵒ 2)	1 m. 80	1 m. 85
— id. (nᵒ 1)	1 m. 85	1 m. 90
— de la Barma Grande (nᵒ 1).	1 m. 88	1 m. 93
— de la Grotte des Enfants..	1 m. 89	1 m. 94
Moyenne générale....	1 m. 82	1 m. 87

Pour la taille de la femme de la Barma Grande — qui n'avait pas atteint son complet développement — on arrive, avec la même méthode, à 1 m. 65. C'est également la stature de l'adolescent âgé d'environ 15 ans.

En résumé, nous nous trouvons en présence d'une race qui surpassait, au point de vue de la taille, toutes les populations actuelles, car ni les Patagons, ni les Cheyennes, ni les Polynésiens n'atteignent une moyenne de 1 m. 87, ni même de 1 m. 82.

B. *Proportions.* — Quand on examine avec un peu d'attention les chiffres qu'on obtient pour la taille en se servant soit de l'humérus, soit du cubitus ou du radius, on constate que le premier est plus faible que les autres. Par conséquent, on peut affirmer que le bras est relativement court en comparaison de l'avant-bras, ou, inversement, que l'avant-bras est relativemement long par rapport au bas. Il est donc intéressant de calculer les rapports des différents segments des membres entre eux et celui du membre supérieur au membre inférieur. Ces opérations, j'ai pu les faire pour quelques sujets, et voici les résultats auxquels j'ai abouti :

Rapport du Radius (avant-bras) à l'humérus (bras) :

Homme de la Barma Grande (n° 1)....	75,48
— de la Grotte de Cavillon......	76,31
— de la Grotte des Enfants......	76,44
Européens (d'après Broca)	73,93
Nègres (d'après Broca)...............	79,40

A ce point de vue, nos sujets se placent entre les Nègres et les Européens actuels.

Rapport du Tibia (jambe) au fémur (cuisse) :

Homme de la Barma Grande (nᵒ 1).... 81,20
—   de la Barma Grande (nᵒ 2).... 81,54
—   de la Grotte des Enfants...... 85,44
—   de la Grotte de Cavillon....... 85,96
Européens (d'après Broca) 79,72
Nègres (d'après Broca) 81,33

Sous ce rapport, nos hommes des Baoussé-Roussé s'identifient avec les Nègres ou exagèrent leurs caractères.

Rapport du membre supérieur au membre inférieur:

Homme de la Grotte des Enfants..... 66,05
—   de la Barma Grande (nᵒ 1)... 68,98
—   de la Grotte du Cavillon..... 69,00
Européens (d'après Broca).......... 69,73
Nègres (d'après Broca.............. 68,27

Un de nos sujets se rapproche sensiblement de l'Européen : c'est celui de la Grotte du Cavillon. L'Homme de la Barma Grande (nᵒ 1) ressemble au contraire aux Nègres. Quant à celui de la Grotte des Enfants, il présente un membre supérieur relativement plus court ou, inversement, un membre inférieur relativement plus long que toutes les races nigritiques actuelles.

Un calcul semblable nous montrerait que,

par les proportions de la clavicule, trois hommes des Baoussé-Roussé sont voisins des Nègres ; mais les deux sujets de la Barma Grande se rapprochent au contraire des Européens, dont un (le n° 1) exagère même les caractères.

Je ne citerai pas davantage de chiffres quoique, dans mon travail sur *Les Grottes de Grimaldi*, j'ai donné beaucoup d'autres indices. Je me bornerai à constater que, relativement à la taille, la main est exactement de même longueur que celle d'un Français actuel et que le pied se fait remarquer surtout par la saillie du talon. Il est cependant un point que j'ai déjà signalé en passant et sur lequel je veux revenir pour démontrer combien est défectueuse la méthode employée par M. Mégret pour calculer la taille.

Si la main de nos hommes des Baoussé-Roussé est, proportionnellement à la taille, de la même longueur que chez nous, il ne s'ensuit pas qu'elle soit morphologiquement semblable. Nos troglodytes avaient le métacarpe très allongé et les doigts très courts, et ce raccourcissement porte aussi bien sur les phalanges que sur les phalangines ou les phalangettes. Prenons comme exemple le médius et voyons quel est le rapport entre la longueur de sa phalangine et la taille.

Rapport de la phalangine du medius à la taille :

Français moderne...................... 1,75 o/o

Homme de la Barma Grande (n° 1)...   1,66 —
  — de la Grotte des Enfants.....   1,60 —

Pour obtenir la taille, il faudrait multiplier
la longueur de la phalangine par 57,1 chez le
Français et par 62,5 chez l'Homme de la Grotte
des Enfants. Inutile d'insister sur l'absence
complète de valeur du procédé.

Les individus de belle stature qu'étaient
les hommes des Baoussé-Roussé étaient en
même temps fort robustes. Tous leurs os montrent des insertions musculaires très puissan-
tes et des dimensions considérables ; ainsi,
l'extrémité de l'humérus du premier sujet
trouvé par M. Abbo mesure 65 millimètres de
large, et son fémur offre, en bas, une largeur
de 85 millimètres. C'est surtout sur le fémur
qu'on observe des signes d'une vigueur peu
commune. Chacun sait que le bord postérieur
de cet os est très rugueux et a reçu le nom de
ligne âpre. C'est là que viennent s'attacher le
triceps crural, le grand fessier, les trois adduc-
teurs, le biceps crural, le jumeau interne et le
plantaire grêle. Plus ces muscles sont développés et plus la ligne âpre est forte. Or, sur nos
hommes des Baoussé-Roussé, elle forme une
vraie colonne faisant une saillie d'un centimètre chez le sujet qui a été carbonisé.

Le fémur est encore remarquable par plusieurs autres caractères. Au-dessous du grand
trochanter, il montre une profonde dépression

14.

(*fosse hypotrochantérienne*), et il s'élargit à ce niveau pendant qu'il s'aplatit d'avant en arrière (*platymérie*). M. Manouvrier estime que la platymérie commence lorsque le rapport du diamètre antéro-postérieur au diamètre transverse du fémur, mesurés l'un et l'autre au-dessous des trochanters, ne dépasse pas 80, et qu'elle est très forte quand le rapport est inférieur à 65. Or, sur le fémur gauche de l'homme n° 2 de la Barma-Grande, il tombe à 54.

Le tibia offre une particularité remarquable, à laquelle on a donné le nom de *platycnémie*. L'os est très robuste, mais aplati transversalement, au point que la face postérieure disparaît plus ou moins. Pour évaluer ce caractère, on établit le rapport qui existe entre le diamètre transverse et le diamètre antéro-postérieur, mesurés l'un et l'autre au niveau du trou nourricier. Le tibia du sujet carbonisé m'a donné l'indice le plus bas (57,14) et plusieurs n'atteignent pas 60. Sur le vieillard de Cro-Magnon, considéré comme atteint d'une forte platycnémie, cet indice atteint 63. — Le péroné présente des crêtes et des gouttières tout à fait exceptionnelles ; j'ai trouvé une gouttière qui mesure 7 millimètres de profondeur, chiffre vraiment énorme pour un os si peu volumineux.

C. — *Tête*. — La tête des troglodytes des Baoussé-Roussé offre des caractères bien accentués, qui se montrent, comme toujours, plus exagérés chez les hommes que chez la femme. Tout d'abord on est frappé de la dysharmonie qui existe entre le crâne et la face : tandis que le crâne est très développé d'avant en arrière, la face est à la fois très courte et très large. Cette dysharmonie, que j'ai déjà signalée chez nos deux sujets du type de Grimaldi, se montre plus accentuée encore chez ceux du type de Cro-Magnon.

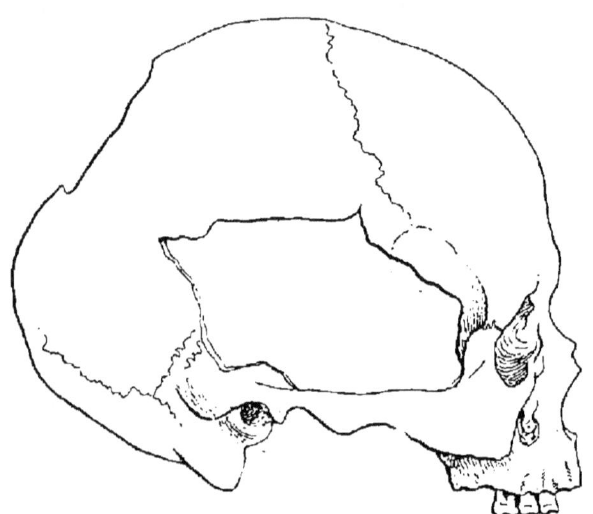

Fig. 43. — Tête du sujet masculin découvert en 1892 dans la Barma Grande (1/3 gr. nat.).

Lorsqu'on regarde le crâne par le haut, on note, chez le vieillard de Cro-Magnon, une forme pentagonale assez nette, qui est due au développement notable des bosses pariétales et

à la saillie de l'écaille de l'occipital. Si on l'examine de profil, on remarque que le front présente une belle courbe qui se continue régulièrement sur une partie de la région pariétale. En arrière, les pariétaux s'aplatissent et

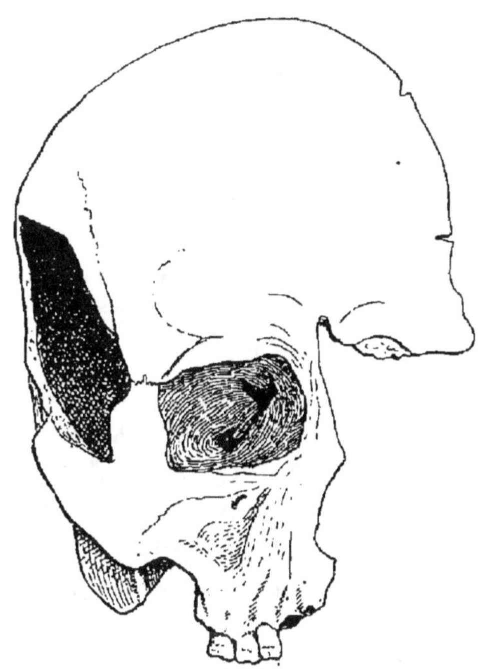

FIG. 44. — Tête du sujet masculin découvert en 1892
(1/3 gr. nat.).

le méplat qui en résulte se poursuit sur la
portion supérieure de l'occipital ; puis cet os
se renfle en formant une bosse extrêmement
marquée. La base du crâne est sensiblement
plus plate que de coutume. J'ajouterai que la

capacité de ce crâne est des plus remarquables.

La grande largeur de la face que je viens de
noter tient au développement exagéré des arcades zygomatiques et ne porte que sur la partie
supérieure du visage ; l'arcade dentaire est,
au contraire, étroite. Les arcades sourcilières
sont très saillantes au-dessus du nez ; mais, en
dehors, elles s'atténuent et s'effacent au niveau
des apophyses orbitaires externes du frontal.
Les orbites ont une forme rectangulaire, les
angles en étant à peine arrondis. Ce qui ne
frappe pas moins, c'est le peu d'élévation de
ces orbites par rapport à leur largeur ; l'indice
orbitaire (rapport de la hauteur à la largeur)
tombe à 61.36, ce qui signifie que la hauteur
ne représente guère que 61 p. 100 du diamètre
transverse. Le nez, enfin, est plutôt étroit et
saillant, et le maxillaire supérieur est un peu
prognathe dans sa portion dentaire.

La mâchoire inférieure est robuste ; les
branches montantes, notamment, sont d'une
largeur remarquable. Notons encore la forme
triangulaire du menton et l'usure des dents,
qui sont presque réduites à la racine.

Tels sont, esquissés à grands traits, les caractères essentiels de la tête du vieillard rencontré
dans un abri sous roche à Cro-Magnon, dans la
vallée de la Vézère, vieillard qui constitue le
prototype de notre race de l'âge du Renne. Or,
le premier homme adulte découvert par M.

Abbo dans la Barma Grande offre exactement les mêmes particularités céphaliques, (fig. 43 et 44), et, pour décrire sa tête, je n'aurais qu'à répéter textuellement ce que je viens de dire.

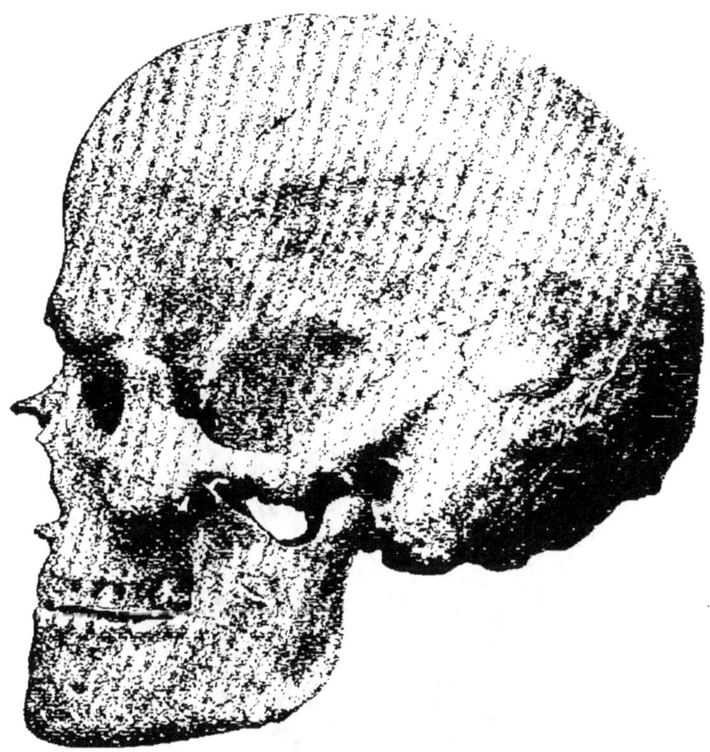

FIG. 45. — Tête du sujet masculin découvert en 1894.

Les autres crânes des Baoussé-Roussé présentent aussi la plus grande partie de ces caractères (fig. 45 et 46). La capacité crânienne est toujours considérable, ce qui est en rapport avec la grande taille des sujets ; la tête est

toujours dysharmonique, le crâne étant dolichocéphale et la face à la fois large et basse.
J'ai vu, sur deux individus, la longueur de la
tête atteindre 206 et 211 millimètres, chiffres
absolument exceptionnels pour un crâne hu-

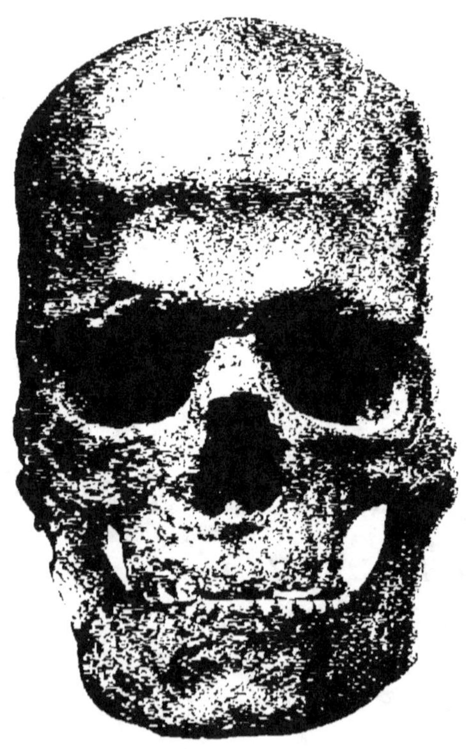

Fig. 46. — Tête du sujet masculin découvert en 1894.

main. Le front présente invariablement un
beau développement, les orbites restent, chez
tous les individus démesurément larges, basses
et rectangulaires, le nez étroit, de même que les

arcades dentaires, et le menton puissant comme toute la mandibule. Les dents offrent constamment une usure oblique très marquée, qui commence déjà à se manifester chez l'adolescent rencontré par M. Abbo.

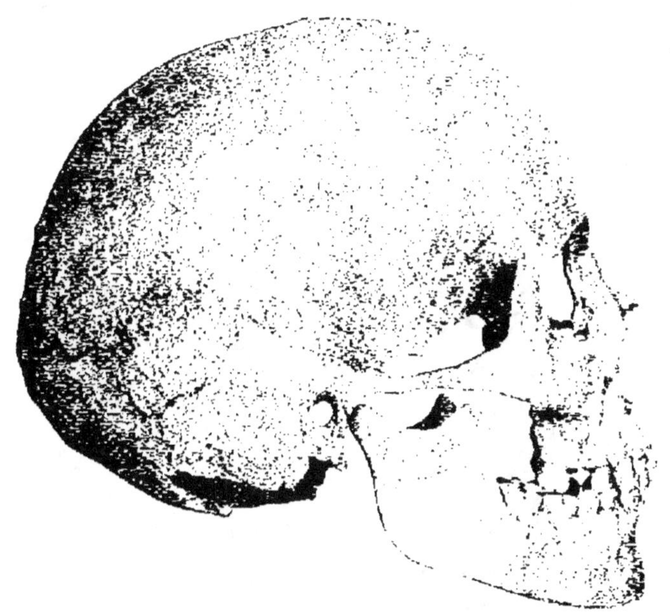

FIG. 47. — Tête du sujet féminin.

Toutefois, une variante se montre, aux Baoussé-Roussé, chez la plupart des individus. Les bosses pariétales se détachent moins nettement et, par suite, la forme pentagonale s'atténue ou disparaît. L'occipital, dans sa région iniaque, tout en présentant un renflement notable, est moins proéminent, moins comprimé latéralement, de sorte que le chignon est

moins prononcé. La base est plutôt renflée que
plate. Enfin, le prognathisme sous-nasal tend
à disparaître.

Les différences ne dépassent pas, d'ailleurs,
l'étendue des variations individuelles qu'on
observe dans les groupes humains les plus
purs et n'autorisent nullement à isoler de la

FIG. 48. — Tête du sujet féminin.

race de Cro-Magnon des individus qui s'y rattache par un ensemble imposant de caractères.

L'adolescent et la femme offrent les mêmes
caractères généraux que les hommes, avec les
atténuations qui résultent de l'âge ou du sexe.
C'est ainsi que la femme (fig. 47 et 48), tout en

étant franchement dolichocéphale (indice céphalique = 71,58), ne montre pas le méplat pariéto-occipital, ni l'aplatissement de la base que j'ai signalés dans l'autre sexe. Sa face reste basse et large ; ses orbites ont les angles un peu arrondis, mais elles sont toujours extrêmement larges par rapport à leur hauteur (indice = 73, 81).

D. *Bassin*. — Il me reste à dire quelques mots du bassin, qu'on n'avait pas pu étudier dans la race de Cro-Magnon car on n'en possédait que des spécimens fort incomplets. J'ai eu la bonne fortune d'en examiner deux en bon état de conservation : l'un est celui du grand sujet exhumé de la Grotte des Enfants par le chanoine de Villeneuve, l'autre, celui de l'homme de la Barma Grande que j'ai désigné dans cet opuscule sous le n° 2. J'ai pu, en outre, prendre quelques mesures sur les os iliaques du sujet n° 1 de la même caverne et sur le pelvis assez détérioré du vieillard de la Vézère. De ces documents, il m'a été permis de tirer quelques conclusions.

Quand on place à côté l'un de l'autre les bassins de l'homme de la Grotte des Enfants et de celui de la Barma Grande, on est frappé d'abord des différences qu'il présentent et qui sembleraient radicales, si on s'en tenait à un examen superficiel. Le premier est très rétréci en bas, de sorte que l'angle d'ouverture de l'ar-

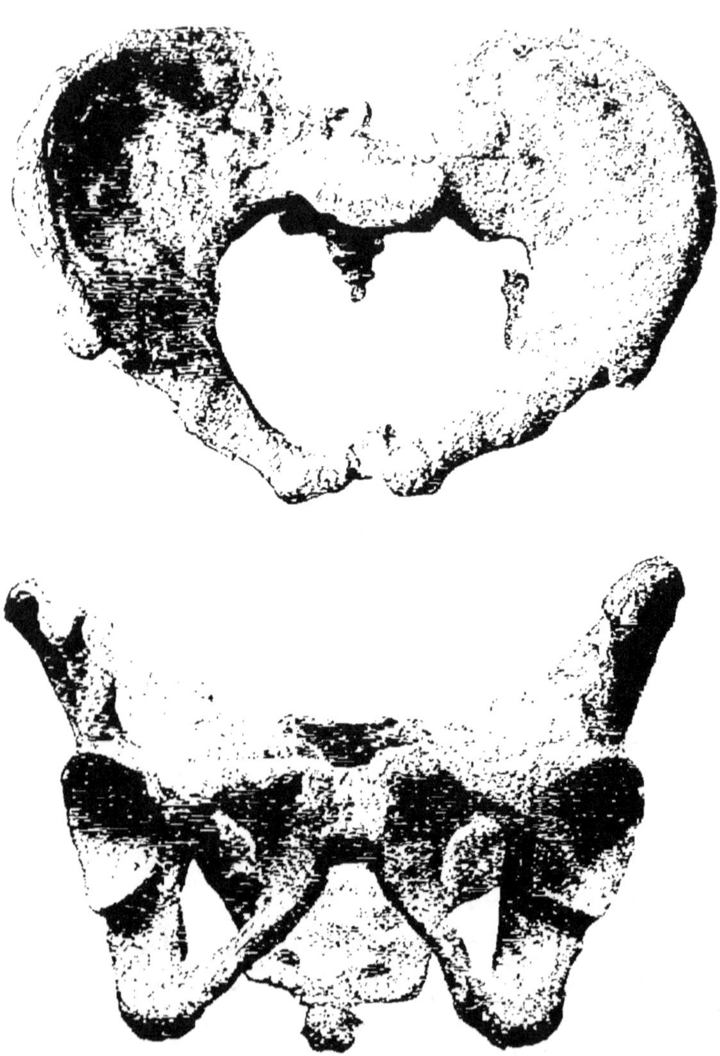

FIG. 49 et 50. — Bassin du sujet masculin découvert
en 1894.

cade pubienne est fort peu ouvert et que les épines sciatiques et les tubérosités des ischions proéminent fortement à l'intérieur de l'excavation. Le second est, au contraire, très évasé dans sa partie inférieure et son arcade pubienne est si ouverte qu'on se croirait en présence d'un bassin féminin (fig. 50) ; aussi, lorsqu'on regarde le pelvis par le haut, ne voit-on qu'une très faible partie de l'épine sciatique faire saillie en dedans du détroit supérieur (fig. 49). Il s'agit bien, cependant d'un bassin masculin, et sa robusticité remarquable, qui concorde avec la robusticité du reste du squelette, ne peut laisser le moindre doute à cet égard. Nous nous trouvons simplement en présence d'un pelvis anormal, d'un de ces cas de féminisme partiel, comme j'en ai observé plusieurs exemples chez des hommes de grande taille, notamment chez le géant du Muséum d'histoire naturelle de Paris (1).

Si nous laissons de côté le petit bassin, nous constatons que, dans la marge ou grand bassin, nos deux pièces offrent des analogies frappantes. L'une et l'autre offre une robusticité et un développement en rapport avec les autres parties du squelette. Par rapport à l'Européen moderne, nos deux sujets des Baoussé-Roussé présentent une augmentation de tous leurs dia-

---

(1). R. VERNEAU, *Le Géant du Muséum d'histoire naturelle de Paris* (Ce mémoire a paru dans l'ouvrage de MM. P. E. LAUNOIS et P. ROY, intitulé : *Études biologiques sur les Géants*. Paris, 1904).

mètres verticaux et de leurs diamètres transverses ; en revanche, leurs diamètres antéro-
postérieurs sont diminués. La hauteur aug-
mentant un peu plus que la largeur, l'indice
pelvien transverso-vertical est légèrement accru, tandis que l'indice pelvien horizontal s'a-
baisse d'une façon notable par suite de la réduc-
tion du diamètre antéro-postérieur et de l'ac-
croissement du diamètre transverse maximum.
L'indice du détroit supérieur subit la même
diminution que l'indice pelvien horizontal, et
pour les mêmes causes. La fosse iliaque interne offre un beau développement dans tous les
sens et son bord supérieur, ou crête iliaque,
décrit une courbe très régulière. Le sacrum,
dont tous les diamètres sont accrus, montre
une face antérieure moins concave que chez
l'Européen actuel.

Pour permettre de saisir les différences, je
place, en regard l'une de l'autre, deux figures
dont l'une représente un bassin d'Européen
moderne et est empruntée à un travail que j'ai
publié en 1875 (1) (fig. 51), et l'autre, un bassin
des Baoussé-Roussé (fig. 52).

Je ferai remarquer que les caractères pel-
viens de nos hommes des Baoussé-Roussé appartenant à la race de Cro-Magnon n'ont absolument rien de nigritique. Le bassin du Nègre
est étroit, allongé d'avant en arrière, avec des

---

(1) R. VERNEAU, *Le Bassin dans les sexes et dans les races.*
Paris, 1875.

ailes iliaques peu développées et verticales, avec
une crête iliaque sinueuse et un détroit supérieur d'une longueur exagérée. Ici, c'est tout
le contraire que nous observons. Au lieu de se
rapprocher du Nègre par son pelvis, l'homme
de Cro-Magnon et ses congénères des Baoussé-
Roussé exagèrent les caractères de l'Européen.

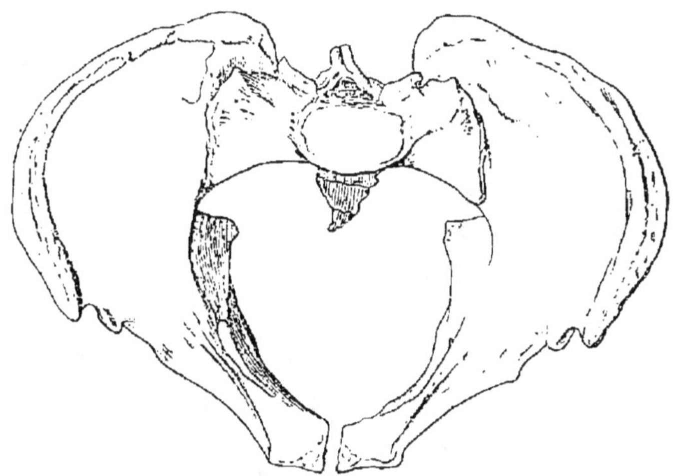

Fig. 54. — Bassin d'Européen moderne.

C'est en somme, une bien curieuse race que
celle qui a succédé, aux Rochers Rouges, à la
race Négroïde de Grimaldi. Elle a conservé
quelques traits nigritiques dans les proportions
de ses membres et la saillie du talon ; elle présente encore la dysharmonie du crâne et de la
face, le méplat pariéto-occipital, la forme des
arcades sourcilières, du nez et des orbites de
nos Négroïdes ; mais elle s'en différencie, comme elle se différencie des habitants actuels de

nos contrées, par sa taille extrèmement élevée,
par sa force extraordinaire, par le rétrécisse-
ment de son nez et de la partie inférieure de

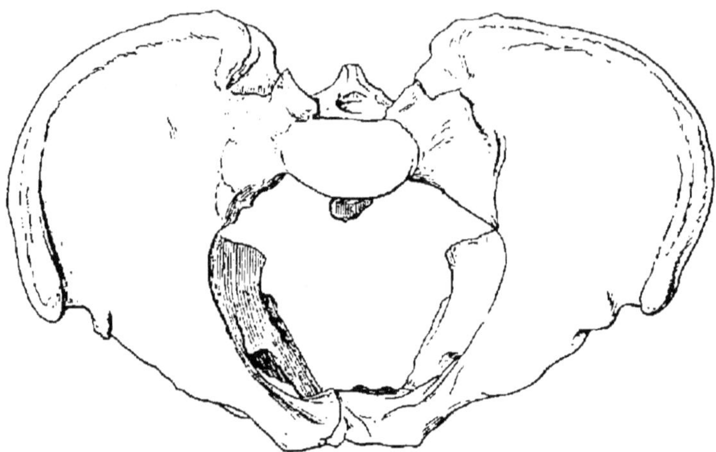

Fig. 52. — Bassin d'homme des Baoussé-Roussé.

sa face, démésurément large au niveau des
pommettes, par les particularités du bassin que
je viens d'indiquer, par la saillie du bord postérieur du fémur et par l'énorme aplatissement
transversal de son tibia (1).

Cette race ai-je dit, est incontestablement

(1) Je passe sous silence le squelette de femme rencontré par
le chanoine de Villeneuve dans les couches supérieures de la
Grotte des Enfants, à un niveau où le Renne est encore représenté ; son mauvais état de conservation ne permet guère d'en
préciser les caractères. Ce qu'on peut dire, c'est que cette femme
n'était pas de taille élevée, qu'elle était peu robuste et que ses
jambes étaient longues par rapport à ses cuisses. Elle avait le
crâne relativement allongé et très développé en hauteur, avec
un front normal, des bosses pariétales saillantes et un léger méplat pariéto-occipital. A part la taille, les particularités énumérées
s'observent soit chez les Négroïdes, soit chez nos hommes du
type de Cro-Magnon. Je pourrais encore citer, comme caractères communs, la forme et les dimensions des orbites. Mais notre
sujet se distingue nettement des deux types anciens par l'allongement de la face, qui est en rapport avec l'élongation du crâne,
et par la gracilité de tout son squelette

celle qui a vécu dans la vallée de la Vézère, où on a découvert un type exactement semblable dans un abri sous roche dénommé Cro-Magnon, situé sur la commune des Eyzies ; c'est de l'abri où elle a été rencontrée pour la première fois que lui est venu son nom.

La race de Cro-Magnon a vécu pendant l'âge du renne ; elle devait occuper encore le sud-ouest de notre pays pendant l'époque de transition entre les temps quaternaires et l'époque actuelle, puisqu'on a constaté sa persistance à la période néolithique. C'est à celle qu'il faut attribuer l'industrie qui a été rencontrée à la Barma Grande dans l'assise immédiatement supérieure à la couche de l'éléphant ; c'est elle également qu'on regarde comme ayant fourni les artistes qui ont exécuté les nombreuses gravures, les nombreuses sculptures de la fin de l'époque quaternaire. Elle a certainement vécu aux Baoussé-Roussé, puisqu'on a trouvé des squelettes qui en présentent tous les caractères physiques, qu'on a recueilli d'innombrables outils qui portent pour ainsi dire sa marque de fabrique, et qu'on a même découvert les productions artistiques qui doivent être sorties de ses mains. Il semblerait donc qu'il ne reste plus qu'à clore ici cette petite notice, et cependant il me paraît indispensable de consacrer encore un chapitre à l'âge des sépultures, et de tirer des conclusions de ce que j'ai dit jusqu'à ce moment.

CHAPITRE V

Age des Sépultures.

Quand on a dit que tout le dépôt qui remplissait les cavernes des Baoussé-Roussé appartenait à une même époque depuis la surface jusqu'au fond, à l'époque quaternaire, on n'a pas tenu compte des couches superficielles ; mais, en outre, on est resté dans un vague dont il faudrait essayer de sortir.

L'époque quaternaire, en effet, a été longue, bien qu'elle ne puisse pas être comparée au point de vue de la durée à celles qui l'ont précédée. Néammoins, elle s'est prolongée assez longtemps pour qu'on ait cru devoir la subdiviser. Ces subdivions s'imposaient d'ailleurs, car, entre le commencement et la fin, les espèces animales se sont modifiées et l'industrie a subi une évolution notable. J'ai rappelé, au début de cette petite étude, que Lartet, se plaçant au point de vue de la paléontologie, avait proposé quatre subdivisions, qu'il a appelées, en les classant par ordre d'ancienneté :

1° L'époque de l'ours des cavernes ;

2° L'époque du mammouth et du rhinocéros à narines cloisonnées :

3° L'époque du renne ;

4° L'époque de l'aurochs.

G. de Mortillet donna à son tour une classification qui repose principalement sur l'industrie ; elle comprend également quatre divisions, qui sont, en allant de la plus ancienne à la plus récente :

1° L'époque chelléenne ;

2° L'époque moustérienne ;

3° L'époque solutréenne.

4° L'époque magdalénienne.

Il a essayé de mettre chacune de ses divisions en accord, non seulement avec l'industrie, mais aussi avec la faune et avec les phénomènes géologiques.

A ces deux classifications, je préfère celle de M. Boule, qui me semble beaucoup mieux en accord avec les faits.

M. Boule, comme à peu près tous les géologues, fait rentrer l'époque actuelle dans le Quaternaire ; à la période qui s'étend de la fin du Tertiaire au début des temps actuels, caractérisés par la flore et la faune qui vivent de nos jours, il réserve le nom de Pléistocène.

Ce Pléistocène, il le divise en trois étages : inférieur, moyen et supérieur.

Au Pléistocène inférieur, correspond une faune chaude, dont les espèces les plus typiques sont l'Hippopotame. l'Éléphant antique et le Rhinocéros de Merck. L'industrie est l'industrie chelléenne.

Au Pléistocène moyen, nous trouvons une faune froide d'un caractère spécial : Mammouth, Rhinocéros à narines cloisonnées, Ours des cavernes, Hyène des cavernes, Grand Chat ou Lion des cavernes, etc., toutes espèces aujourd'hui éteintes. L'homme taillait ses instruments suivant le type dit du Moustier et il travaillait déjà l'os.

Au Pléistocène supérieur, correspond, dans nos contrées, une faune froide comprenant des espèces émigrées, telles que le Renne, l'Antilope Saïga, etc. ; c'est la faune actuelle des steppes. A ce moment, nous trouvons l'industrie magdalénienne, caractérisée par des silex généralement très petits et très variés, par de nombreux instruments en os, en ivoire et en bois de renne. L'art a pris naissance et se manifeste sous forme de gravures, de sculptures et de peintures.

Pouvons-nous rattacher nos sépultures à l'une quelconque de ces époques ? Au premier abord il semble qu'aucune hésitation ne soit permise : les premiers squelettes de la Barma Grande ont été trouvés au-dessus de la couche de l'éléphant antique ; par conséquent, ils sont postérieurs à la formation de cette couche. Ils gisaient dans l'assise qui contenait la mâchoire de renne, au même niveau que les instruments typiques de l'époque magdalénienne. Par suite, il semble logique de conclure qu'ils sont contemporains du renne ou bien qu'ils remontent à l'époque de la Madeleine de Mortillet, au Pléistocène supérieur de M. Boule, qui concorde précisément avec la plus grande abondance du *Cervus tarandus* dans notre pays. J'ai eu cependant de forts doutes, et, après avoir étudié la question sur place, j'ai émis en 1892, l'opinion que les sépultures ne dataient pas de l'époque quaternaire. Voici les principales raisons que j'invoquais à l'appui de ma manière de voir (1).

Les squelettes reposaient bien au milieu de l'assise de l'âge du renne, mais les cadavres avaient été inhumés dans une fosse dont j'avais observé nettement la paroi postérieure, et cette fosse avait dû être creusée dans un terrain ancien, à une époque plus récente. Le mobilier funéraire avait un aspect moins archaïque que les instruments et les objets de parure découverts dans la partie de la couche qui n'avait pas été remuée, et même à des niveaux supérieurs. Les grandes lames en silex placées dans la fosse, à côté des cadavres, le poinçon en os que porte sur le front le sujet du Muséum de Paris, ont une apparence néolithique. Les petites pendeloques en os dénotent un goût que n'avaient point les ouvriers qui ont fabriqué les grossières pendeloques provenant d'un niveau moins élevé et que j'ai figurées dans ce travail (*Voy.* fig. 35 à 40).

---

(1) R. VERNEAU, *Nouvelle découverte de cadavres préhistoriques aux Baoussé-Roussé, près de Menton.* (*L'Anthropologie* t. III, 1892).

D'un autre côté, l'absence de toute poterie et
d'instruments en pierre polie s'opposait à ce
que les sépultures fussent placées à l'époque
néolithique proprement dite. J'en concluais
qu'elles dataient du début de notre époque
géologique, de cette période de transition qui
se place entre l'époque paléolithique et l'époque de la pierre polie. Pendant cette période,
vivait, encore dans notre pays, la race de Cro-
Magnon, et mon hypothèse me paraissait de
nature à expliquer tous les faits.

Mon mémoire a suscité de vives polémiques.
Violemment pris à partie par un savant, à la
compétence duquel je me plais à rendre hommage, mais qui n'était pas allé sur les lieux (1),
j'ai répondu avec l'ardeur que donne une conviction sincère. Bientôt la discussion sortit du
terrain scientifique et je crus devoir la clore
par cette phrase : « Pour reprendre cette discussion, il faudra des faits nouveaux, car, jusque-là, nous ne pourrions que nous livrer à
des répétitions fastidieuses (2). »

Depuis cette époque jusqu'en 1899, je n'ai
plus rien écrit, en effet, sur les Baoussé-Roussé,
à part une petite notice qui a paru dans les

_____

(1) E. d'ACY. *De l'âge des sépultures des grottes des Baoussé-
Roussé*. Bruxelles. Ce mémoire a été lu le 7 septembre 1894 au
Congrès scientifique international des catholiques ; il a paru au
mois d'octobre de la même année dans la *Revue des questions
scientifiques*.

(2) Toute cette polémique se trouve dans le T. VI de *L'Anthropologie*, 1895 (p 153-159, 344-354, 488, 489).

Bulletins de la Société d'Anthropologie de Paris, à la suite d'une présentation que j'ai faite à cette Société le 5 mai 1898. M. Rivière, qui n'avait pas vu les objets figurés dans mon premier mémoire, n'avait pas hésité cependant à les taxer de fausseté. J'avais fait justice de cette accusation, mais je n'en tenais pas moins à mettre sous les yeux des archéologues les pièces elles-mêmes ; tous mes collègues ont été unanimes pour les considérer comme d'une authenticité indiscutable.

Les divergences qui s'étaient produites dès le début me faisaient un devoir d'aller examiner les trouvailles faites depuis 1892 par M. Abbo. Au mois de mars 1899, je suis donc retourné aux Rochers Rouges en compagnie de mon collègue et ami, M. Boule, dont la compétence en géologie, en paléontologie et en archéologie préhistorique est reconnue par tous ceux qui s'occupent de ces questions. J'ai dû modifier légèrement ma première manière de voir et je me suis empressé de publier un nouvel article dans notre Revue (1).

Avant d'exposer ma manière de voir d'alors, il me faut rappeler certains faits.

Le lecteur n'a pas oublié que les squelettes découverts en 1894 gisaient à plus de 1 m. 60 au-dessus des autres. J'ignore s'ils avaient été

---

(1) R. VERNEAU, *Les nouvelles trouvailles de M. Abbo dans la Barma-Grande, près de Menton (L'Anthropologie, t. X, 1899).*

déposés dans des fosses, aucune observation n'ayant été faite à cet égard. En tout cas, le sujet carbonisé n'aurait pu être inhumé que dans une fosse peu profonde. La position des os, qui se trouvaient, comme je l'ai dit plus haut, dans leurs relations anatomiques, indique que le cadavre a été brûlé sur place. Il est bien évident que si l'incinération avait été pratiquée ailleurs et si les débris avaient été ensuite transportés dans une tranchée, les os se seraient mélangés ; on n'aurait pas rencontré, par exemple, les jambes symétriquement placées sous les cuisses et les pieds ne se seraient pas trouvés à l'extrémité de ces jambes, sous les ischions, avec tous leurs os dans leur position normale..

Mais l'incinération n'a pu se faire qu'à la surface du sol ou dans une tranchée de faible profondeur. Dans une fosse profonde, la combustion n'aurait pas été assez active pour détruire les parties molles et carboniser les os. Par suite, il faut en conclure que la grotte était déjà remplie jusqu'au niveau où M. Abbo a découvert le dernier squelette lorsque le cadavre a été incinéré et que le remplissage devait s'arrêter à peu près à ce niveau.

D'un autre côté, il semble bien que toutes les sépultures soient contemporaines. J'ai montré, dans le chapitre précédent, que tous les sujets de la Barma Grande présentent les mêmes caractères physiques et qu'ils appartiennent par conséquent au même groupe ethnique ; et nous avons vu que le mobilier funéraire, les objets de parure étaient identiques dans la sépulture du bas et auprès des squelettes du haut. Si la contemporanéité des sépultures est admise, il en résulte que les trois individus dont les restes ont été mis au jour en 1892 sont morts lorsque la couche de l'âge du renne atteignait déjà une épaisseur d'environ 1 m. 60, car elle se prolongeait au-dessous des squelettes (1). Mais à ce moment, le cerf pullulait. On pourrait, en présence de cette abondance du cerf et du nombre des animaux actuels qui se rencontrent au niveau des derniers squelettes, se demander si les temps quaternaires n'avaient pas pris fin à l'époque où se formait cette assise. Il est probable, certain même, qu'il n'en était rien. Parmi les ossements de cerf, on a trouvé, à côté du *Cervus elaphus*, un grand cerf qui, comme je l'ai dit, se rapprochait *par la taille* du cerf du Canada, et qui a complètement disparu plus tard de nos contrées. En outre, l'industrie est encore magdalénienne à ce niveau. Par suite, j'ai cru, en 1899, que nous nous trouvions dans le Pléistocène, mais bien près de la fin de cette époque.

---

(1) J'ai signalé la légère inclinaison en avant des couches qui formaient le dépôt. Mais cette inclinaison n'est pas telle qu'on puisse regarder les squelettes de la première sépulture comme reposant sur la même assise que ceux du fond.

Dans cette hypothèse, tous les faits s'expli-
quaient aisément. Pour déposer les premiers
cadavres à la profondeur où ils gisaient, il a fallu
creuser cette vaste fosse dont la paroi postérieure était encore bien visible au moment
de la découverte, et la chose n'a plus rien de
surprenant, car ce n'est pas un puits de huit
mètres au moins qu'il aurait été nécessaire de
creuser, comme le prétendait d'Acy. mais une
simple tranchée, à peine de la hauteur d'un
homme. On s'expliquait avec la même facilité
les différences constatées entre les instruments
en silex recueillis dans la sépulture elle-même
et ceux qui ont été rencontrés au même niveau,
mais en dehors de la fosse. Les premiers sont
des lames atteignant jusqu'à 26 centimètres de
longueur sur 5 centimètres de largeur ; les se-
conds sont, au contraire. remarquables par
leurs dimensions réduites. On comprend encore l'existence dans la sépulture inférieure de
ces jolies pendeloques en os. si bien travaillées,
dans lesquelles on a de la peine à voir l'œuvre
des successeurs immédiats des hommes qui
ont taillé les grossiers instruments de la couche de l'éléphant.

En somme, j'étais convaincu alors que les
squelettes rencontrés dans la sépulture inférieure n'étaient pas exactement contemporains
de l'assise au milieu de laquelle ils gisaient.
Néanmoins, je faisais remarquer que ni les
grandes lames de silex, ni les objets de parure

n'avaient un facies *nettement néolithique*. J'avais pu examiner les ornements en forme de double olive qui n'avaient été découverts qu'après mon premier séjour ; j'avais revu les petites pendeloques que j'avais figurées dans *L'Anthropologie*, et j'avais fini par être persuadé, comme M. Boule, qu'ils ont des analogies sérieuses avec certains objets de l'âge du renne. Mais pour les raisons que je viens de rappeler, j'étais porté à croire que c'est à la fin de cet âge que les cadavres découverts par M. Abbo avaient été déposés dans la Barma Grande.

Aujourd'hui, je n'hésite pas à modifier de nouveau mon opinion après les observations si concluantes faites, dans la Grotte des Enfants, depuis qu'a été publiée la première édition de ce petit livre. Tout homme de science a pour devoir de rechercher la vérité et il ne doit nullement lui en coûter de reconnaître ses erreurs.

D'ailleurs, on peut bien dire que ni les découvertes de MM. Rivière et Julien, ni celles de M. Abbo n'étaient de nature à élucider complètement le problème : la preuve nous en est fournie par ces longues discussions entre savants que j'ai résumées dans mon livre sur *Les Grottes de Grimaldi*. Les uns regardaient les sépultures comme remontant à une période ancienne du Quaternaire ; d'autres les jugeaient néolithiques ; d'autres encore les plaçaient à la période de transition entre le paléolithique et le néolithique. Tous invoquaient des arguments qui ne semblaient pas sans valeur. Il fallait donc des faits nouveaux pour trancher la question.

Ces faits nouveaux, les fouilles du Prince de Monaco dans la Grotte des Enfants nous les ont fournis. J'ai dit avec quel soin et quelle méthode le chanoine de Villeneuve les avait dirigées. Ses découvertes ont montré que la double sépulture qui renfermait les squelettes de Négroïdes remonte au Pléistocène moyen, et que les restes de l'Homme appartenant au type de Cro-Magnon datent d'une période un peu plus récente du même Pléistocène moyen, puisqu'ils gisaient 70 centimètres au-dessus. Je ne reviendrai pas sur les raisons qui ont conduit M. Boule à cette conclusion ; il me suffira de renvoyer le lecteur à ce que j'ai écrit plus haut (p. 46 à 55). Il ne reste qu'à voir si les sépultures de la Barma Grande peuvent être considérées comme remontant à la même époque que celles de la grotte voisine.

Ce n'est évidemment qu'à la sépulture du grand sujet masculin de la Grotte des Enfants que nous pouvons comparer celles qui ont été rencontrées par M. Abbo. Après les détails dans lesquels je suis entré, il est incontestable que le type physique des individus est le même. En outre, le mode de sépulture offre de grandes analogies : il me suffira de rappeler

que, dans les deux cas, quelques pierres avaient
été dressées auprès des cadavres dans le but de
les préserver et qu'autour du grand squelette
de la Grotte des Enfants, on a constaté l'existence de ce peroxyde rouge de fer, si abondant
dans la Barma Grande. Le mobilier funéraire
était moins riche dans la sépulture fouillée par
M. de Villeneuve que dans la triple sépulture
explorée par M. Abbo ; mais il ne faut pas oublier que le sujet n° 2 découvert par ce dernier — et qui gisait cependant à un niveau un
peu plus élevé que les autres — ne possédait
pas les riches parures de ceux-ci. Enfin, l'industrie est sensiblement la même dans les
deux cas : la seule différence appréciable qu'on
puisse noter, c'est l'existence auprès des squelettes de la Barma Grande des trois grandes
lames de silex que j'ai signalées ; mais, malgré
leurs dimensions, ces lames ne montrent pas
les retouches néolithiques.

De tout cela, on est tenté de conclure que
les sépultures de la Barma Grande remontent,
comme celle du grand sujet de la Grotte des
Enfants, à la fin du Pléistocène moyen. Toutefois, la présence du Renne dans la couche au
niveau de laquelle gisaient les cadavres dans
la première de ces grottes m'oblige à les regarder comme un peu moins anciens, puisque
M. de Villeneuve n'a rencontré cet animal qu'à
un niveau un peu plus élevé.

Il n'en reste pas moins acquis pour moi, à

l'heure actuelle, que tous les sujets du type de Cro-Magnon découverts par M. Abbo comme par le chanoine de Villeneuve, sont franchement quaternaires. La race a fait son apparition aux Baoussé-Roussé à la fin du Pléistocène moyen, ainsi que le prouvent les découvertes de la Grotte des Enfants ; elle a continué à y vivre à l'âge du Renne, comme le démontrent les trouvailles de M. Abbo.

CHAPITRE VI

Résumé et Conclusions.

Nous pouvons en quelques pages résumer les conclusions qui ressortent des faits exposés dans les chapitres précédents.

La Barma Grande se présente dans les mêmes conditions que les autres grottes des Baoussé-Roussé. Ouverte au milieu d'un massif rocheux qui s'est déposé sous la mer, ainsi que le prouvent les nombreuses coquilles marines faisant partie du calcaire qui en constitue les parois, elle était complètement vide au moment où tout le massif est sorti des eaux, sans doute vers la fin des temps tertiaires.

Une fois les grottes exondées, elles ont commencé à se remplir par l'apport de matériaux introduit du dehors. A cette époque vivaient de grands mammifères, aujourd'hui disparus, dont on retrouve les ossements dans la couche qui s'est alors formée. On peut dès maintenant affirmer qu'à la base de la Barma Grande, comme dans la Grotte du Prince, les couches renferment des représentants d'une faune chaude puisque M. Abbo y a découvert les restes de l'Éléphant antique et du Rinocéros de Merck.

L'homme fréquentait dès cette époque les

Rochers Rouges. Il s'abritait dans les grottes et vivait de la chasse.

Cet homme des cavernes, ce troglodyte, fabriquait de grossiers intruments en pierre, dont on retrouve des spécimens dans son habitation. Il employait à cet usage les roches qu'il trouvait sous sa main ; le grès et le calcaire ont été utilisés par lui sur une vaste échelle. Il en tirait des racloirs, des lames, des pointes, etc. Ces outils, ces armes ne sont taillés que d'un côté, comme ceux qui caractérisent l'industrie dite moustérienne ; l'autre face a été éclatée du bloc et apparait lisse. Ce qui caractérise encore cette industrie, c'est que les outils ne montrent pas les fines retouches qu'on observe sur les instruments d'une époque moins ancienne. Il est vrai que ni le grès, ni le calcaire, ne sont des roches qui se prêtent à un travail soigné. Mais, dans la même couche de l'éléphant, quelques outils en silex ont été recueillis ; ils sont, comme les premiers, taillés sur une seule face et les grossières retouches qu'ils présentent dénotent peu d'habileté chez les ouvriers qui les ont façonnés.

Les couches qui surmontent le dépôt inférieur montrent que la faune chaude a été remplacée peu à peu par des animaux organisés pour supporter un climat froid ; ce furent d'abord l'Ours des cavernes et l'Ours brun, de grands Félins et d'autres carnivores de forte taille ; puis le Renne apparut avec la faune actuelle des steppes.

Cette succession de faune a été nettement constatée dans la Grotte du Prince et dans la Grotte des Enfants. Dans la Barma Grande, la faune intermédiaire n'a pas été observée avec autant de netteté, mais c'est là que le Renne a été tout d'abord diagnostiqué par M. Boule. Auparavant, on avait affirmé que cet animal n'avait pas vécu sur le versant méditerranéen des Alpes.

L'urus ou bœuf primitif (*Bos primigenius*), un autre bœuf, sans doute le *Bison europæus*, une chèvre, un peu différente de notre chèvre actuelle, le chevreuil (*Cervus capreolus*), le bouquetin (*Capra ibex*), le sanglier (*Sus scrofa*), le cheval (*Equus caballus*), le renard (*Canis vulpes*), se rencontrent avec plus ou moins de fréquence dans la couche du Renne. Le cerf commun (*Cervus elaphus*), qui vivait déjà avec la faune chaude, foisonne un peu plus haut ; il est accompagné d'un autre cerf plus grand, qui se rapproche par la taille du cerf du Canada.

Pendant que se formait le dépôt qui renferme les restes de tous les mamifères que je viens d'énumérer, l'homme habitait toujours les grottes des Rochers Rouges : ses traces sont nombreuses à tous les niveaux. Elles comprennent des armes et des outils en pierre, des instruments en os, des objets de parure, etc. De distance en distance, on a rencontré l'emplacement des foyers où il allumait du feu ; ils sont constitués par des amas de cendres, de charbon et souvent d'os plus ou moins carbonisés. C'est que les ossements des espèces animales rencontrées dans les cavernes n'étaient pas arrivés là par hasard ; ils ont été apportés par les chasseurs qui poursuivaient le gibier dans les environs et qui revenaient chargés de quartiers des animaux qu'ils avaient réussi à abattre. La chair était consommée cuite sans doute, étant données les traces qu'a laissées le feu sur quelques os ; puis certains os étaient fendus d'une façon systématique pour en retirer la moelle qu'ils contenaient.

Pour s'emparer du gibier, l'homme fabriquait des pointes en pierre ou parfois en os. La roche dont il se servait alors pour confectionner ses instruments était presque toujours le silex. L'expérience lui avait appris que la pierre à fusil présentait, au point de vue du travail, une grande supériorité sur le grès ou le calcaire, et il avait abandonné ceux-ci. En outre, le chasseur de l'âge du Renne avait acquis dans le travail du silex une habileté que n'avaient point ses ancêtres de l'époque de l'Éléphant antique. Lorsqu'il avait ébauché un outil et qu'il n'en était pas satisfait, il le retouchait, l'améliorait, modifiait sa forme en détachant sur une de ses faces, et parfois sur les deux, un nombre plus ou moins considérable de petits

éclats ; c'est ce qui caractérise les instruments
en pierre de cette époque. Aux Baoussé-Roussé, ils se montrent tous de dimensions assez
réduites. Quelques outils cependant n'étaient
pas retouchés, les *lames* ou couteaux, par
exemple, auxquelles on aurait enlevé leur tranchant si on avait essayé de détacher des éclats
sur leurs bords.

Au nombre des instruments en pierre trouvés dans les couches qui surmontent celle de
l'Éléphant antique, je citerai, en dehors des
lames, les *grattoirs* simples ou doubles, les
grattoirs-burins, les *burins*, les *perçoirs*, et les
pointes. Tous ces instruments, que j'ai décrits
au chapitre III, appartiennent à l'industrie
dite *magdalénienne*. L'existence du burin parmi les outils en silex dénote que l'homme de
cette époque travaillait l'os. Il semble même
avoir commencé de bonne heure à utiliser
cette matière première, car on a rencontré,
dans les grottes des Rochers Rouges, des *pointes plates* à base fendue, identiques à celles
d'Aurignac. J'ai aussi mentionné, parmi les
instruments en os, des *poinçons* et des *lissoirs*.

Mais l'os ne servait pas seulement à fabriquer des outils usuels ; il était encore souvent
employé pour la confection des *objets de parure*
(pendeloques diverses). L'ivoire, les canines de
cerf, les vertèbres de poisson, les coquilles marines, dans lesquelles on pratiquait une ouverture pour les enfiler, entraient pour une bonne

part dans la confection des ornements dont s'affublaient les troglodytes de l'âge du renne.

Ces gens paraissent, en effet, avoir poussé fort loin le goût de la parure. Ils étaient doués, d'ailleurs, d'un certain sentiment artistique et ils ont exécuté des gravures et des sculptures, en petit nombre, il est vrai. Une statuette en stéatite, deux objets gravés, l'un en stéatite, l'autre en schiste, ont été recontrés en 1884, dans la Barma Grande, par M. Julien, qui les a vendus douze ans plus tard au musée de Saint-Germain-en-Laye. La statuette, de 47 millimètres de hauteur seulement, représente une femme nue avec des seins et des fesses énormes. Elle rappelle d'une manière frappante les statuettes en ivoire que M. Piette a recueillies à Brassempouy dans des assises du Pléistocène supérieur. Ce savant a acheté depuis, au même M. Julien, d'autres statuettes en talc cristallin et en os, qui présentent la même facture et qui auraient été découvertes dans une petite grotte des Baoussé-Roussé. — Quant aux objets gravés, ils sont simplement décorés de lignes.

Nous ignorons quelle était l'épaisseur de l'assise de l'âge du Renne dans la Barma Grande. Les couches superficielles du dépôt n'ont pas été explorées d'une façon méthodique, et il a fallu la découverte des sépultures sur lesquelles je reviendrai plus loin pour qu'on songeât à faire des recherches sérieuses dans les terres qui n'avaient pas été enlevées.

Nous savons que cette assise était fort importante dans la Grotte des Enfants. Il est probable qu'en explorant attentivement la surface du terrain de remplissage, on aurait rencontré des objets de l'époque néolithique, car des trouvailles de ce genre ont été faites dans d'autres cavernes, ainsi que je l'ai rappelé. On m'a bien cité une hache en pierre polie qui aurait été ramassée à une faible profondeur dans la Barma Grande ; mais ne l'ayant pas vue et n'ayant aucun renseignement positif sur son gisement, je me garderai d'insister.

Quelques mélanges semblent s'être opérés à une époque ancienne ; ainsi, à des hauteurs assez grandes, on a recueilli des objets qui ressemblent étrangement à ceux du fond. Des morceaux de brèches trouvés à 4, 5 et 6 mètres au-dessus de l'assise de l'Éléphant antique, contiennent de grossiers instruments en grès et paraissent avoir été détachés de la couche inférieure. Ces morceaux, d'ailleurs, n'atteignent jamais le volume de la tête ; ils étaient placés au milieu d'un terrain d'une nature toute différente. Le fait peut s'expliquer : le dépôt devait se terminer en avant en forme de talus oblique, et les couches inférieures devaient s'avancer au delà de celles qui les surmontaient ; aussi étaient-elles facilement accessibles à l'entrée de la caverne et n'est-il pas surprenant qu'on en ait retiré, longtemps après leur formation, des objets qui ont été transportés dans l'habitation.

Des ossements humains existent-ils dans la couche de l'Éléphant antique et du Rhinocéros de Merck ? C'est une question qui n'est pas résolue à l'heure actuelle, car cette couche n'a encore été explorée que sur une partie de son étendue. Il ne serait pas étonnant qu'on découvrît quelque jour les restes de l'homme lui-même à ce niveau, puisque les outils qu'on y a rencontrés démontrent que nos ancêtres fréquentaient déjà la Barma Grande. Dans la couche de l'âge du Renne, des cadavres avaient été inhumés : en 1884, M. Julien avait découvert un premier squelette ; en 1892, M. Abbo en mit trois au jour et, en 1894, il en rencontra deux autres, dont un était entièrement carbonisé. Par conséquent, les grottes, tout en servant d'habitations, servaient aussi de sépultures.

Nous ne sommes guère renseignés sur la trouvaille de M. Julien ; mais nous avons des détails circonstanciés sur les conditions dans lesquelles ont été trouvés les squelettes découverts depuis sept ans. Les trois qui furent mis au jour en 1892 avaient été inhumés dans une fosse dont on voyait encore nettement la paroi postérieure ; ils reposaient à 3 m. 70 au-dessus de l'endroit où a été rencontré le bassin d'éléphant. Les deux derniers étaient placés à 1 m. 60 au-dessus des premiers, et, tandis que ceux-ci n'étaient qu'à un mètre environ de l'entrée de la caverne, réduite à ses dimensions actuelles, les autres étaient plus près du fond.

Il semble qu'aucun rite funéraire ne présidait à la position qu'on donnait au cadavre ; tantôt il était allongé sur le dos, tantôt il était couché sur le côté ; parfois les membres étaient dans l'extension, parfois ils étaient plus ou moins fléchis, et, dans certains cas, les mains étaient ramenées au niveau du menton. Le corps était dirigé dans le sens de la longueur de la grotte ou en travers.

Au fond de la première fosse, un lit de terre ferrugineuse, prise dans les montagnes voisines, avait été étendu pour coucher les trois cadavres (un homme, une jeune femme et un adolescent), qu'on avait ensuite recouverts d'une couche de la même terre. Lorsque la putréfaction eut accompli son œuvre, le peroxyde de fer, en contact direct avec les os, les colora, comme il colora les divers objets de parure qui avaient été ensevelis avec les cadavres. Cette coutume, d'un usage courant, ne paraît pas, toutefois, avoir été générale.

On avait prétendu, et quelques préhistoriens soutiennent encore, que jamais les tribus quaternaires ne donnaient la sépulture à leurs morts. La position de certains squelettes démontre le contraire, aussi bien que l'existence de fosses et la présence de peroxyde de fer autour de beaucoup de sujets. J'ai men-

tionné également des tombes rudimentaires
en pierres, tombes figurées par quelques blocs
plantés de champ et parfois couvertes par une
dalle, soit du côté de la tête, soit du côté des
pieds. Enfin, dans toutes les sépultures on a
recueilli un mobilier funéraire, souvent riche,
qui dénote qu'on parait les défunts de leurs
plus beaux atours avant de les enterrer. Nous
avons vu que, dans la Barma Grande, chaque
cadavre avait avec lui ses objets de parure.

Sur la tête, de petites coquilles marines du
genre *nassa*, toutes perforées, semblent indiquer
que les individus portaient habituellement une
sorte de résille dans les mailles de laquelle
étaient enfilées ces coquilles. Des canines de
cerf perforées et souvent décorées de stries
(fig. 12 et 15), de jolies pendeloques en os (fig.
7 à 11), habilement sculptées et décorées avec
goût servaient à compléter l'ornementation de
la tête.

Des colliers, composés de coquilles, de vertèbres de poisson ou de canines de cerf, parfois
de toutes ces pièces réunies et disposées avec
symétrie (fig. 19), ont été trouvés au cou de
certains cadavres. Une pendeloque particulière, en forme de double olive, taillée dans un
morceau d'os et ornée de rangées de petites
stries parallèles, a été recueillie soit au niveau
de la poitrine, soit près de la main du mort.

Enfin des coquilles perforées, du genre *cypræa*, gisaient de chaque côté des genoux de

l'un des hommes et avaient été vraisemblablement enfilées dans une sorte de jarretière.

Et, si nous voulions quitter la Barma Grande
pour nous transporter dans les autres grottes,
nous aurions encore à signaler des bracelets,
des pagnes en coquilles (*nassa neritea*), etc.

L'incinération n'a été constatée qu'une seule
fois. Le sujet brûlé avait les jambes ramenées
sous les cuisses et les pieds à la hauteur du
siège. Il gisait tout au fond de la caverne, en
arrière et au même niveau que le quatrième
squelette découvert par M. Abbo.

Les sujets dont les restes ont été rencontrés
dans les grottes des Baoussé-Roussé se rangent
dans trois groupes différents. Les plus anciens
sont de véritables Négroïdes, presque de vrais
Nègres. Leur taille est supérieure à la moyenne
et les surfaces d'insertion des muscles dénotent une race assez robuste. Par l'allongement
relatif de leur avant-bras et de leur jambe, par
la longueur du membre inférieur, par l'étroitesse du bassin, dont les ailes iliaques sont
peu inclinées et les crêtes sinueuses, par la
saillie du talon, ils se rattachent incontestablement aux races nigritiques. Il s'y rattachent
encore par leur crâne étroit et très allongé, par
leur nez large, dont le plancher se termine en
gouttières dans sa partie antérieure, par leurs
mâchoires extrêmement prognathes, par leur
mandibule à la fois étroite et allongée d'avant
en arrière, par leur menton fuyant et par leurs

molaires, allongées dans le sens antéro-postérieur et munies de tubercules supplémentaires.
La dentition des Négroïdes de Grimaldi les
rapproche même de l'une des races les plus
inférieures de l'humanité actuelle, des Australiens.

La forme de leur face, très large au niveau
des pommettes et rétrécie en bas, fait songer à
une autre race nigritique fort peu évoluée, à
celle des Boschismans.

Mais ces individus de la Grotte des Enfants
présentent des caractères particuliers. Ils ont
la tête dysharmonique, avec un crâne elliptique, très allongé d'avant en arrière, et une face
basse et large. En arrière du vertex, la voûte
crânienne offre un méplat assez marqué. Les
orbites sont peu élevées et très développées
dans le sens transversal. Enfin, un caractère
très important à noter, c'est la belle capacité
du crâne, dont le développement vertical est
en rapport avec le développement antéro-postérieur.

Ainsi, nos Négroïdes des Baoussé-Roussé
nous montrent un singulier mélange de caractères d'infériorité et de signes d'évolution. Ils
sont restés inférieurs par les proportions de
leurs membres, par la morphologie de leur
bassin et de leur face ; par le développement
de leur boîte encéphalique et, par suite, de leur
cerveau, ils occupent, au contraire, une place
honorable.

La race qui a succédé aux Négroïdes et qui a prospéré pendant la plus grande partie de l'âge du Renne, est la race de Cro-Magnon. C'est à elle qu'appartiennent la plupart des sujet rencontrés dans les grotte des Baoussé-Roussé, et, notamment, tous ceux de la Barma Grande. Elle était de fort grande taille, les hommes mesurant en moyenne 1 m. 87 et quelques-uns atteignant près de 2 mètres.

Ces individus étaient aussi remarquables par leur robusticité que par leur stature : les muscles, par exemple, qui s'attachent au bord postérieur du fémur étaient si développés que leur surface d'insertion forme une véritable colonne en arrière de l'os. Le tibia offre cet aplatissement transversal et singulier qu'on a désigné sous le nom de *platycnémie* ; il est, néanmoins, aussi robuste que le reste du squelette.

La tête, fort volumineuse, présente des caractères extrêmement accusés. En général, lorsque, dans une race, le crâne est allongé d'avant en arrière, la face est allongée de haut en bas. Chez nos Cro-Magnons des Baoussé-Roussé, comme chez nos Négroïdes, il n'en est pas de même : la tête est dysharmonique au plus haut point. Tandis que le crâne est très développé en longueur par rapport à sa largeur, leur face se développe au contraire beaucoup en largeur et fort peu en hauteur. Si on regarde le crâne par le haut, on voit qu'au lieu d'offrir une forme elliptique, il affecte

souvent une forme pentagonale par suite de la
saillie notable que font les bosses pariétales ;
mais c'est là un caractère secondaire qui ne se
rencontre pas chez tous les individus. Quand
on l'examine de profil, on observe les particularités suivantes : la courbe frontale est belle,
fort régulière, ainsi que la courbe pariétale
antérieure. En arrière, les pariétaux s'aplatissent et le méplat qui se voit dans cette région
se prolonge sur la portion supérieure de l'é-
caille occipitale ; au-dessous, l'occipital se
renfle brusquement, puis il s'aplatit de nouveau à la base.

J'ai noté la grande largeur de la face. Toutefois ce développement exagéré du visage en
travers ne porte que sur le haut et la partie
moyenne ; en bas, au contraire, dans la région
maxillaire, il se rétrécit sensiblement. Les arcades sourcilières, très saillantes dans leur
partie interne, s'effacent complètement en dehors. Les orbites sont très larges et très basses ; elles affectent la forme d'un rectangle,
car leurs angles sont à peine arrondis. Le nez
est saillant et plutôt étroit que large.

Il existe parfois un certain degré de prognathisme sous-nasal. Les maxillaires, malgré leur
étroitesse relative, se font remarquer par leur
robusticité. Signalons encore la forme triangulaire et la saillie du menton, ainsi que la
forte usure des dents.

Il m'a été donné d'étudier les caractères du

bassin ; il se fait remarquer par l'augmentation de ses diamètres verticaux et surtout de ses diamètres transverses, tandis que les diamètres antéro-postérieurs sont réduits. Les ailes iliaques offrent le beau développement et les courbes régulières qu'on observe chez l'Européen moderne.

Cette race si évoluée, si remarquable à tant de points de vue, avait cependant conservé quelque chose de nigritique dans les proportions des membres et la saillie du talon. Ces rares stigmates d'infériorité peuvent être regardés comme une persistance de caractères ancestraux.

En somme, nos grands sujets des Baoussé-Roussé sont les frères des hommes qui chassaient le Renne dans le Sud-ouest de la France. Comme eux, ils étaient troglodytes, c'est-à-dire qu'ils vivaient dans les cavernes, et leur industrie, leurs mœurs, leur genre de vie étaient les mêmes.

Toutefois, on a pu se demander si la race de grande taille dont les restes ont été trouvés dans la Barma Grande et dans les grottes voisines, avait bien vécu aux Rochers Rouges pendant l'époque quaternaire. Nous savons, en effet, que la race de Cro-Magnon comptait encore, dans notre pays, de nombreux représentants au début de la période de la pierre polie ; elle pouvait également en avoir dans les environs de Menton. L'absence, dans les premières sépultures fouillées par M. Abbo, de tout animal vraiment caractéristique du Pléistocène, jointe à l'absence de poteries et d'instruments en pierre polie, m'avait fait penser d'abord que les squelettes découverts dataient de la période de transition entre le paléolithique et le néolithique. Les nouvelles trouvailles faites depuis 1892 me firent admettre plus tard que la race avait vécu vers la fin de l'âge du Renne. Les documents précis que nous ont fournis les fouilles de l'abbé de Villeneuve m'ont encore fait modifier cette manière de voir. Pour les raisons que j'ai exposées dans le chapitre précédent, il faut admettre aujourd'hui que les Négroïdes ont vécu aux Baoussé-Roussé à l'époque du Pléistocène moyen et que, vers de la fin de cette époque, la race de Cro-Magnon a fait son apparition dans la Grotte des Enfants. Elle a continué à vivre en ce coin privilégié du littoral méditerranéen, pendant l'âge du Renne, puisque les restes de cet animal ont été rencontrés dans la Barma Grande au même niveau que les squelettes humains. Néanmoins, vers la fin de cet âge, un autre type ethnique s'est montré, type qui a été découvert dans les couches supérieures de la Grotte des Enfants, et dont il est impossible de préciser les caractères physiques à cause de la mauvaise conservation du squelette qui gisait à ce niveau.

Il n'est pas une contrée aussi intéressante

pour l'étude de l'Homme fossile que les Baoussé-Roussé : on peut y suivre ses traces depuis le Pléistocène inférieur jusqu'à la fin du Pléistocène supérieur. Nous avons assisté, pendant cette longue période, à l'évolution de son industrie, et il nous a été possible de suivre son évolution physique à partir du Pléistocène moyen.

Nous ne connaissons pas encore les caractères des ouvriers qui ont fabriqué les grossiers instruments de la couche à faune chaude. Peut-être la Barma Grande, qui a fourni tant de documents intéressants, nous livrera-t-elle un jour les restes des hommes qui ont été les contemporains de l'Eléphant antique et du Rhinocéros de Merck, puisque ses assises inférieures n'ont encore été que partiellement explorées. Si cette éventualité venait à se produire, nous aurions, en ce petit coin du globe, un synthèse de toute l'Humanité primitive.

TABLE DES MATIÈRES

IMPRIMERIE COLOMBANI - MENTON

www.ingramcontent.com/pod-product-compliance
Lightning Source LLC
LaVergne TN
LVHW050047060726
842524LV00003B/703